河北民俗文化丛书

魏县织染

李恩佳 常素霞 主编
李英华 霍连文 编著

科学出版社
北京

图书在版编目（CIP）数据

魏县织染／李英华、霍连文编著. —北京：科学出版社，2010.7
（河北民俗文化丛书／李恩佳，常素霞主编）
ISBN 978-7-03-028344-3

Ⅰ.①魏… Ⅱ.①李… ②霍… Ⅲ.①织染-民间工艺-魏县 Ⅳ.①J523

中国版本图书馆CIP数据核字（2010）第138771号

责任编辑：张亚娜／责任校对：陈玉凤
责任印制：赵德静／装帧设计：北京美光制版有限公司

科学出版社 出版
北京东黄城根北街16号
邮政编码：100717
http://www.sciencep.com

北京佳信达欣艺术印刷有限公司 印刷
科学出版社发行 各地新华书店经销
*

2010年7月第 一 版　开本：787×1092　1/16
2010年7月第一次印刷　印张：8 1/4
印数：1—3 500　　字数：196 000

定价：80.00元
（如有印装质量问题，我社负责调换）

《河北民俗文化丛书》编委会

主　　任：张立方
副 主 任：谢　飞　　谷同伟　　李恩佳
委　　员：常素霞　　郭瑞海　　韩立森　　李耀光
主　　编：李恩佳　　常素霞
编　　著：李英华　　霍连文

序

  民俗文化源于民众生活，其内容丰富，形式多样，承载着广博的历史文化信息，是中华民族优秀传统文化的重要组成部分，是人民群众勤劳智慧的写照，也是农耕社会给我们留下的宝贵财富。

  河北古称燕赵，是中华文明的重要发祥地，山河壮美，人文荟萃，悠久醇厚的民俗文化孕育了丰富多彩的民间艺术。其中，蔚县剪纸、衡水内画、武强年画、曲阳石雕等，均为闻名世界的河北民间艺术。其他如陶瓷、泥塑、脸谱、皮影等，也为市井百姓所喜闻乐见。

  我省的传统民俗文化积淀丰厚，民间艺术不乏精华，近年来颇受各界的关注。虽然衡水内画、蔚县剪纸等一批民间艺术得到传承发展，但有些民间艺术却日渐式微，显得弥足珍贵，需要我们下大力气去保护。因此，民俗文化以及民间艺术的抢救和保护工作任重道远。今天，我们欣喜地看到河北省民俗博物馆已经有了一个良好的开端，他们集中各方面的力量，把我省的优秀民俗文化进行挖掘、整理，分门别类地推荐给广大读者，这是一项十分有意义的工作。

  河北省民俗博物馆编的《河北民俗文化丛书》的出版，对于进一步研究河北的民俗文化、推广河北民间艺术、培养民间艺人队伍，将会产生积极的影响；同时对于宣传河北、构建和谐社会，促进文化事业的发展也必将会起到推动作用。

  目前，我们省的文化遗产保护工作越来越受到广泛关注，保护民

间艺术则是我们义不容辞的责任,更是我们每一位燕赵儿女割扯不断的情感。

最后祝贺《河北民俗文化丛书》的出版,希望全省文博界在中华崛起和文化繁荣的大背景下,在"传承文明,保护遗产,弘扬民族精神"的工作中,取得更加辉煌的成果。

河北省文物局　局长　张立方

感受生活之美

河北是中华文明的发祥地之一,由于其特殊的地理位置,自古以来,这里的先民们就以博大的胸怀与周边地区的农耕文化、草原文化以及北方少数民族文化汇集交融,从而形成了奇特而绚丽的河北民俗文化,并渗透到人们的日常生活当中。尤其是民俗文化中的一些物质载体——民间艺术,愈来愈表现出他那雄健的底蕴和诱人的魅力。

追溯历史,感受生活。在这块土地上,由剪纸、皮影、年画、傩戏、杂技等组合串联起来的如织美景,曾给人们带来无数的梦幻与想象,也给人们的生活增添了无限的快乐和幸福。无论是那别致的造型、浓艳的色彩,还是那鬼斧神工般的工艺技巧,它们均深深地蕴涵了河北人的认知和向往,蕴涵了河北人的聪明和智慧,同时也真实地反映了当时当地的人们的真实生活面貌,体现了人们对美好生活的企盼和追求。尤其是每件作品,不仅具有浓郁而熟悉的民间生活气息和顽强的生命活力,而且其文化内涵也深深的蕴藏、根植在了人们的心底。

虽然有些作品已经历了千百年的风风雨雨,身上留下了时间的印痕,然而流逝的岁月并没有褪去她昔日的光彩,却给她增添了新的魅力。即便是在今日现代化经济大潮冲击下,民俗文化或曰民俗艺术无法避免潮水的冲刷,但是人们骨子里那浓郁的传统文化血脉,依然在流淌……

魏 县 织染
WEIXIANZHIRAN

　　古老的艺术，美好的理想，让我们尽情地漫步在河北民俗文化的百花园中，静静地欣赏，慢慢地品读：那灵动的唐山皮影，精巧的蔚县剪纸，浓艳的武强年画，绝妙的吴桥杂技，神秘的武安傩戏，凝重的曲阳石雕，光怪陆离的河北陶瓷……美轮美奂，不知不觉已陶醉其中。

　　生活是美好的，用艺术装点的生活更是美好的。对于相沿成习的河北民俗文化，作为一名文化(文物)工作者，唯能对其蕴涵的民族精华继承发扬，以充实我们当代的艺术创作，美化我们的生活环境，增强我们的民族情怀，构建和谐社会，并使其焕发出新的生机。这是我们的责任，也是我们编写这套丛书的意义所在。

河北省民俗博物馆　馆长

目 录

- 序
- 感受生活之美

中国织染溯源
一、中国纺织的发展历程 2
二、中国传统印染技艺的溯源 36

魏县织染的产生与发展 45
一、魏县织染的发展概述 46
二、魏县织染的生存基础 52

魏县织染的制作过程 59
一、魏县土纺土织的制作过程 60
二、魏县蓝印花布和彩印花布的制作过程 68

魏县织染的艺术特征及应用 79
一、魏县土纺土织的艺术特征 80
二、魏县手工花布的艺术特色 90
三、魏县织染的应用与禁忌 96

魏县织染的现状与发展 101
一、魏县土纺土织的现状与发展 102
二、魏县手工花布的现状与发展 106
三、魏县周边地区织染的现状与发展 114

- 参考书目 123
- 后记 124

魏 县 织 染
WEIXIANZHIRAN

中国 织染 溯源

我国纺织历史悠久，数千年来，先人们种桑养蚕、植棉纺线、巧织经纬，为中国文明写下了光辉的一页。织染技艺既是中国传统文化的重要组成部分，也是千百年来劳动人民智慧的结晶。时至今日仍以其独特的风格、鲜明的色泽、精湛的工艺而闻名于世。

一 中国纺织的发展历程

（一）中国纺织的起源与发展

中国古代的纺织业，可以追溯到旧石器时代中期。那时，原始人群由于采集和狩猎等生存活动的需要，已经能够制作简单的绳索和网具。尔后又掌握了缝纫技术，能搓、拈符合穿针的细线，并编织各种织物。进入新石器时代不久，就出现了最早的纺织工具——纺轮和原始纺织机——腰机，使劳动生产率有了较大的提高，产品更加精细，并且除了实用性以外，已开始织出花纹，施以色彩。因所有的工具都由人手直接赋予动作，故称作原始手工纺织。

进入阶级社会以后，尤其是到春秋战国时期，纺织生产无论在数量上，还是在质量上都较之前有了很大的发展。原料培育质量进一步提高，具有传统性能的简单机械缫车、纺车、织机等纺织机器也相继出现。伴随劳动生产率大幅度提高，生产者日趋职业化，缫、纺、织、染全套工艺逐步形成。产品艺术性日益提高并成为社会性商品。而且当时已经掌握了提花技术，这是中国古代在纺织技术上的重要贡献。这一时期，丝织品种大量增加，据《诗经》记载，商周时代已有罗、绫、纱、锦等品种，麻、毛制品也相应发展，同时人们还利用天然植物染成单色或套色，山西泾阳、河南洛阳等地出土的一些纺织品反映了当时的染织的技术水平。这是手工机器纺织从萌芽到形成的阶段。

腰机图

商周—春秋　毛绣织物
（新疆鄯善三个桥出土）

秦汉到清末,中国纺织技术的发展进入了手工机械纺织时期。这个时期,手工纺织机器逐步改进提高,出现了多种形式、多种用途的纺织机具,使得纺织技艺逐步发展,纺、织、染等工艺日趋成熟。其间,丝织品一直作为中国的特产闻名于世,自汉代开启著名的"丝绸之路"之后,丝织品便成了沟通中外文化交流的桥梁。这一时期,大宗纺织原料几经更迭:从汉到唐,葛逐步为麻所取代;宋至明清,麻又为棉所取代。总之,纺织技术更趋发展,织物品种更

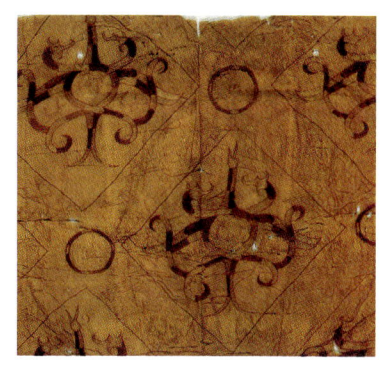

战国 凤鸟龟几何纹锦
(湖北江陵马山一号楚墓出土)

汉 "五星出东方利中国"锦
(新疆民丰尼雅出土)

汉 绢地"长寿绣"
(马王堆汉墓出土)

南宋 《海棠双鸟图》局部
(辽宁省博物馆藏)

唐 灯树对羊纹锦
(新疆吐鲁番出土)

加齐全,分工更加细密、专业化程度提高,品种、技艺皆达到了很高的水平。而且还出现了一些以供观赏为主的工艺美术织品。

原 始 手 工 纺 织

抛石索是原始狩猎用的一种重要工具。它用绳索做成网兜,将石球装入,狩猎时可以将其投掷、抛出以打击野兽。山西大同许家窑遗址(距今10万~8万年)就出土了1000多个石球,这些石球就是当时狩猎时使用的抛石索的遗物。据此可以推断,那时人们已经学会使用绳索了。

绳索最初由整根植物茎条制成,后来发明了劈搓技术,可以将植物茎皮劈细(即松解)为缕,再用许多缕搓合在一起,利用扭转(加拈)以后各缕之间的摩擦力接成很长的绳索。为了加大绳索的强力,有时还会用几股捻合。浙江河姆渡遗址出土(公元前4900年)的绳子,就是由两股茎缕合成的。人类进入渔猎社会后即已学会搓绳子,这应是纺织的前奏。

在原始社会,人类为了抵御寒冷,直接用树叶和兽皮蔽体,慢慢地学会了采集野生的葛、麻、蚕丝等,并利用猎获的鸟兽的毛羽,进行撮、绩、编、织成粗陋的衣服,以取代蔽体的树叶和兽皮。由此发展了编织、裁切、缝缀的技术。人们根据搓绳的经验,创造出绩和纺的技术。绩是先将植物茎皮劈成极细长的纤维缕,然后逐根逐缕搓接。这种高度技巧的手

原始狩猎图

艺,被后来人们叫做"成绩"。

连缀草叶要用绳子,缝缀兽皮起初先用锥子钻孔,再穿入细绳,后来就发展为针线缝合的技术。在北京周口店旧石器时代遗物中,发现了石锥。山顶洞人遗物中存有公元前1.6万年的骨针。骨针是引纬器的前身,是最原始的织具。随着骨针的使用,古人开始制作缝纫线。使用骨针引线是纺织工艺的一项重要进展,它把纬线穿于针孔之中,一次性地将纬线穿过经线省去了逐根穿引的繁琐,大大地提高了功效。骨针引纬的发明,开创了腰机织造的先河。

山顶洞人骨针

动物毛羽和丝本身纤维很细长,虽然用不着劈细,但需要使各根分散开,古代叫做松解。后来人们发现用弓弦振荡可使羽毛松解,用热水浸泡可从茧中抽出丝纤维。河姆渡出土一只象牙盅,四周刻有类似蚕的虫形纹,证明当时人们除了利用植物茎皮外,已经认识到野蚕丝的重要性。先把纤维松解,再把多根拈合成纱,称为纺。开始先民们是用手搓合,后来人们发现,利用旋转体的惯性来给纤维做成的长条(须条)加上捻回,比用手搓捻又快又匀。这种旋转体由石片或陶片做成扁圆形,称为纺轮,中间插一短杆,称为锭杆或专杆,用以卷绕捻制纱线。旧石器时代晚期出土文物中已出现纺轮。在全国各省市新石器时代遗址中,几乎都有大量的纺轮出土。可见那时用纺轮纺纱已经很普及了。

新石器时代 蚕纹牙雕器
(浙江余姚河姆渡出土)

原始社会 陶制纺轮

　　织造技术是从制作渔猎用的编结品和装垫用编织品筐席演变而来。《易·系辞（下）》记载了传说中的伏羲氏"作结绳，而为网罟，以佃以渔"。最原始的编织不用工具，而是"手经指挂"，完全徒手排好直的经纱，然后一根隔一根挑起经纱穿入横的纬纱。织物的长度和宽度都极其有限。目前所知最早的编织实物是河姆渡遗址出土的距今7000年的芦苇残片，纹样为席纹。

　　古代的编织技术大致分为两种：一种是"平铺式编织"，即先把线绳水平铺开，一端固定，使用骨针，在呈横向的经线中一根根地穿织。另一种则是"吊挂式编织"，把准备好的纱线垂吊在转动的圆木上，纱线下端一律系以石制或陶制的重锤，使纱线绷紧。织作时，甩动相邻或有固定间隔的重锤，使纱线相互纠缠形成绞结，逐根编织。使用这种方法，可以编织出许多不同纹路的带状织物。人们发现，如此编织速度太慢，而且织品的密度不够均匀。经过长期的摸索，人们在实践中逐步学会使用工具，进入新石器时代不久，原始腰机诞生了，同时人们对一部分天然纤维有了一定了解，并以此为原料织出了真正的纺织品。而且有些纺织品已开始织出花纹，施以色彩。青海柳湾新石器时代遗址出土的朱砂，山西西荫村出土的研磨颜料的石臼、石杵，陕西姜寨出土的彩绘工具，都是有利的证明。

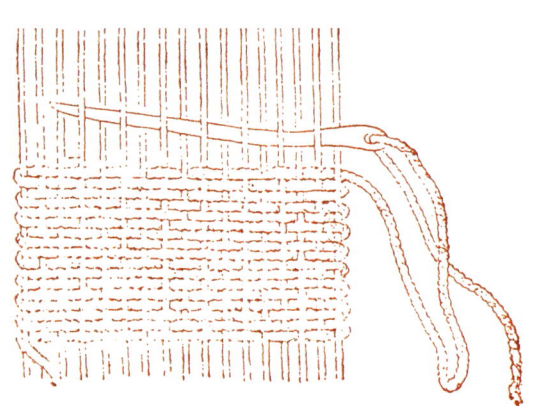
平铺式编织

吊挂式编织

到了新石器时代晚期,人们开始将编结技术用于制作服饰,《淮南子·氾论训》称"伯余之初作衣也,淡麻索缕,手经指挂,其成犹网罗",说明当时已经用麻作衣料。这种网罗式的衣服虽然简陋,但服饰的产生是人类走向文明的标志。编织工艺的精进,为纺织技术的产生、发展创造了条件。

手工机器纺织

进入阶级社会后,纺织业进一步发展。夏代不仅出现了纺织生产发达的中心城镇,还形成了以纺织生产为业的专业氏族,纺织品也逐渐成为交易物品。至迟在周代,已有了官办的手工纺织作坊,而且内部分工已日趋细密。大麻、苎麻和葛已成为主要的植物纤维原料,并发明掌握了沤麻和煮葛等脱胶技术。周代的栽桑、育蚕、缫丝已达到很高的水平,束丝(绕成大绞的丝)成了规格化的流通物品。

在商代遗址,发现织有几何花纹和采用强捻丝线的丝织物;周代遗物则已有提花花纹;春秋战国丝织物品种已发现有绡、纱、纺、縠、缟、纨、罗、绮、锦等,有的还加上刺绣。青海诺木洪和新疆许多地方出土的彩色毛织物,年代不晚于西周初。在这些纺织产品中,锦和绣最为精美。所以"锦绣"成为美好事物的形容词。

商 带丝织品残痕铜片(河南安阳大司空村出土)

带丝织品残痕铜片(局部)

 魏县织染

商周—春秋 毛绣织物
（新疆 且末扎滚鲁克出土）

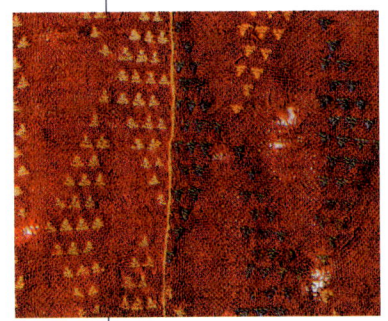

商周—春秋 毛绣织物
（新疆哈密五堡出土）

战国 绣云纹、锦沿曲裾衣妇女彩绘俑（长沙仰天湖楚墓出土）

西周时期（前11世纪～前771年），人工养蚕在黄河流域已很普遍。在考古发现中，商周到春秋时期的毛织品多出自新疆地区。位于哈密五堡的古墓群分布面积达500平方米，年代测定距今约3200年。且末的扎滚鲁克古墓群面积达2.5平方公里，出土的大量毛织物，保存完好、种类繁多。

从目前出土的织品推断，最晚到春秋战国时期，缫车、纺车、脚踏斜织机等手工机器和腰机挑花以及多综提花等织花方法均已出现。丝、麻脱胶，精练，矿物、植物染料染色等已有文字记载。染色方法有涂染、揉染、浸染、媒染等。人们已掌握了使用不同媒染剂，用同一染料染出不同色彩的技术。色谱齐全，还用五色雉的羽毛作为染色的色泽标样。布、葛、帛从周代起已规定标准幅宽2.2尺，合今0.5米，匹长4丈，合今9米。每匹可裁制一件上衣与下裳相连的当时最为流行的服装"深衣"。并且规定，不符合标准的产品不得出售。这也许就是世界上最早的纺织标准吧。

战国时，棉花经由印度、非洲传入我国的海南岛、两广、云南及新疆等边远地区，那里的人们开始种植棉花并生产棉布。战国时成书的《尚书·禹贡》中有"岛夷卉服，厥篚织贝"之载，《后汉书·南蛮传》载："武帝末，珠崖太守会稽孙幸调广幅布献之。"珠崖即今海南岛东北部，广幅布就是棉布。《后汉书·西南夷传》又载："哀牢人……有梧桐木华，绩以为布。""梧桐木华"指的就是棉花。公元5世纪的《南越志》中记载："桂州出古终藤，结实如鹅毛，核如珠珣，治出其核约如丝绵，染为斑布"。公元7世纪的《梁书·西北诸戎传》中记载："高昌国，多草木，草实如茧，茧中丝如细，名曰白叠子，国人多取织以为布。布甚软白，交市用焉。"高昌就是今天盛产棉花的吐鲁番。"白叠子"即棉花或棉布。

战国丝绸考古中最为重要的发掘是1982年发掘的湖北江陵马山一号楚墓。墓葬规模不大，却获得了一批珍贵的丝织品和其他文物，包括服饰、衾被、丝带等成品。织绣种类有绢、纱、

罗、锦等达几十种之多。这些丝织品有的薄如蝉翼，轻若笼烟；有的刺绣飞禽走兽，栩栩如生；有的色泽艳丽，五彩纷呈；有的经纬密度，超乎想象。这批丝织品其年代之早、数量之多、保存之好、工艺之高超，填补了战国时期丝织品的许多空白。

战国　袂衣（湖北荆州博物馆藏）

战国　凤鸟花卉纹绣浅黄绢面绵袍（湖北荆州博物馆藏）

战国　龙凤纹绦及局部（湖北江陵马山一号墓出土）

战国　龙凤虎纹绣（湖北荆州博物馆藏）

汉　对鸟菱纹绮地"乘云绣"
（马王堆汉墓出土）

曾侯乙墓位于湖北随州城西两公里的擂鼓墩东团坡上，是战国时期曾侯乙的墓葬，该墓葬出土万余件文物，其中首次出土了16股粗弦线、丝麻交织物、单层锦织物和锁绣，反映了战国纺织技术的高超技艺，是我国纺织史上的突破。

秦汉时，中国丝、麻、毛纺织技术都达到很高的水平。缲车、纺车、络纱、整经工具以及脚踏斜织机等手工纺织机器已经广泛采用，多综多蹑（踏板）织机也已相当完善，束综提花机也已产生，已能织出大型花纹，多色套版印花也已出现。湖南长沙马王堆汉墓出土纺织品便是当时纺织水平的最好物证。马王堆三座汉墓共出土珍贵文物3000多件，绝大多数保存完好。其中五百多件各种漆器，制作精致，纹饰华丽，光泽如新。珍贵的是一号墓的大量丝织品，保护完好。品种众多，有绢、绮、罗、纱、锦等。有一件素纱禅衣，轻若烟雾，薄如蝉翼，该衣长1.28米，且有长袖，重量仅49克，织造技巧之高超，真是天工巧夺。出土的帛画，为我国现存最早的描写当时现实生活的大型作品。

汉　绮地"乘云绣"（马王堆汉墓出土）

汉　黄色对鸟菱纹绮（马王堆汉墓出土）

汉　素纱襌衣
（马王堆汉墓出土）

汉　信期绣"千金"绦手套（马王堆汉墓出土）

汉　彩绘木俑（马王堆汉墓出土）

　　东汉至魏晋的纺织品主要出自西部地区。如新疆的民丰尼雅遗址、洛浦山普拉遗址、若羌楼兰遗址等。在若羌楼兰遗址共出土丝织品59件，同时城郊墓葬清理丝织品近百件，其中既有"长寿明光"、"延年益寿长葆子孙"、"望四海贵富寿为国庆"锦，也有缂毛、毛毯等毛织物和棉织物。而民丰尼雅遗址经过多次发掘，先后出土了"王侯合昏千秋万岁宜子孙"、"安乐如意长寿无极"、"延年益寿长葆子孙"、"安乐

晋汉时期 "王侯合昏千秋万岁宜子孙"锦（新疆民丰尼雅出土）

北朝 方格兽纹锦（新疆阿斯塔纳北区99号墓出土）

汉 安乐如意长寿无极锦

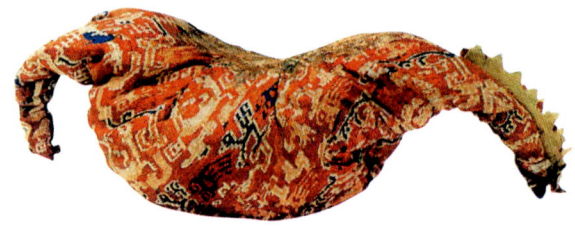

汉晋 织锦鸡鸣枕（新疆民丰尼雅出土）

绣纹大宜子孙"锦等多种织物，保存都很完整，其中最为著名的是"五星出东方利中国"锦护膊。

隋唐时期，纺织技术和工具比以前更加完善，纺织生产能力也越来越强。隋唐到宋，织物组织由变化斜纹演变出缎纹，使"三原组织"（平纹、斜纹、缎纹）趋向完整。束综提花方法和多综多蹑机构相结合，逐步推广，纬线显花的织物大量涌现。人们日常衣着广泛使用麻织物，葛已趋于淘汰。

1987年陕西扶风法门寺地宫出土的文物轰动了世界。据法门寺地宫出土的记物账载，仅唐代皇室供奉该寺的各类纺织物共计七百余件，虽然纺织品幸存的实物十不一二，但据当时统计，唐代各式丝织品里的绫、罗、纱、绢、锦、绣、印花贴金、描金、捻金、织金等无所不有。因为都是皇家进献的上品，所以这些丝织品应该代表了当时社会纺织工艺技术的最高水平。

唐 蓝地十样花缂丝（青海都兰县一号吐蕃墓出土）

传南唐周文矩《宫中图》

晚唐—五代 罗地彩绣花卉鹿纹残片（大英博物馆藏）

唐代 联珠对鸡纹锦（新疆博物馆藏）

唐 绛红罗地蹙金绣半臂（陕西扶风法门寺地宫出土）

魏县织染

宋朝纺织业中，丝织业跟桑蚕业的发展令人瞩目，当时它们已不再是宋朝农户的副业，而是有专业化发展的趋势，社会上出现了全职生产丝织品的"机户"和"机坊"，使宋朝的丝织品产量大增。据记载，唐朝丝绸产量的最高纪录是一年收取700多万匹，而宋朝在元祐元年（1086年）的丝绸产量就达2400万匹。同时其质量亦较唐、元两朝为佳。明朝人就认为："唐绢粗而厚，宋绢细而薄，元绢与宋绢相似而稍不匀净。"可见宋朝丝织品的质量是唐、宋、元三朝之冠。

同时，唐宋两代的丝织技术采用新工艺，生产出了若干新品种，其中之一便是缂丝。即在经线上绘出所需的纹样，然后用各色彩丝小梭按图分块织出花纹，通过这种"通经断纬"法，一块织物上可出现百种以上颜色构成的美丽图案。缂丝技术常用于仿制绘画和书法，南宋朱克柔的《莲塘乳鸭图》、沈子蕃的《梅鹊图》堪称当时的缂丝杰作。而且相对于存世较少的北宋丝织品而

北宋　王居正《纺车图卷》局部

南宋　朱克柔缂丝《莲塘乳鸭图》（上海博物馆藏）

北宋　缂丝紫鸾鹊谱（辽宁省博物馆藏）

南宋　沈子蕃《青碧山水图轴》

言，南宋织物的发现就较为丰富了，但多出自江南地区。著名的有福建福州黄升墓、江西德安周氏墓、福建福州茶园山墓等。出土文物中大量的是绫罗等轻薄型织物，还有部分刺绣作品。

辽墓中发现丝织品的品种和图案非常多。位于赤峰市阿鲁科尔沁旗耶律羽之墓，出土包括不同品种及图案的丝织品100余件，包括锦、绢、绮、绫、罗、纱、织金锦等，工艺多样。

金代出土丝织品中，重要的是黑龙江阿城金代齐国王墓出土，品类繁多，有袍、衫、裙、裤、冠、靴、鞋、袜等。丝织品的品类也比较齐全，绢、绫、罗、纱、锦等，并大量使用织金锦。

金代　褐地翻鸿金锦绵袍

辽　刺绣双鹿（内蒙古阿鲁科尔沁旗耶律羽之墓出土）

随着农业、手工业的不断发展，元代的棉纺织业有了新的突破，政府在全国设立了许多染织提举司，统一治理丝、棉、毛织物的生产，丝织品种类花色层出不穷。此时长江下游大量种植棉花，棉花生产日益广泛，棉纺织业进入了一个全新的发展阶段。元朝的纺织，考古发现则以河北省隆化县西北的鸽子洞元代窖藏为代表。窖藏共出土了珍贵遗物66件，其中仅织绣品就45件，丝织品质地多样，有棉、麻、皮、毛、丝等，均为生活用品；织绣品中有被面、袄袍、鞋、面罩、枕顶、挂饰、针扎、镜衣等。织绣精工，纹样生动，保存较好。特别是元代褐色地鸾凤串枝牡丹莲花纹锦被面，是迄今为止国内发现的保存最完整、色彩最丰富的元代丝织品实物。

元 褐色地鸾凤串枝牡丹莲花纹锦被面被头（河北隆化鸽子洞出土）

元 绿绫地彩绣花卉纹饰品（河北隆化鸽子洞出土）

元 球路纹丝绸饰片（河北隆化鸽子洞出土）

元 百纳绸片（河北隆化鸽子洞出土）

明清时期的纺织技术更趋发展，苏州、杭州、广州、福建等地盛产各种丝绸，并畅销国内外，官府设有规模很大的"机房"，产品主要供皇室使用。民间丝织行业也兴盛起来，产量激增、品种繁多。明代，纺织业已领先其他行业率先出现了资本主义萌芽，"机户出资，机工出力"，说明纺织业发展规模很大，墓葬出土很多，其中最为著名的就是明定陵的丝织品。定陵出土文物3000余件，其中丝织匹料和服饰等有关丝织类占五分之一。计有各种袍料、匹料和服饰等共64件。在一座墓中出土如此大量的丝织物还是第一次。定陵出土丝织品品种齐全，内容丰富。从用处分有匹料、服饰、成衣、生活用品等多类；从质地分，根据不同的组织结构可分为绫、罗、绸、缎、纱、绢、锦、绒、改机、纻丝、织

明　福寿吉庆纹缂丝椅披（中国历史博物馆藏）

明　青地牡丹加金锦（摘自《中国丝绸图案》）

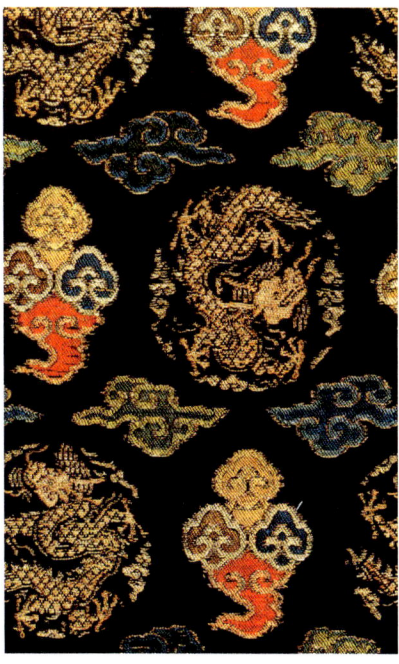

清初　深青地如意云两色金蟒缎

清 缂丝《周文王发粟图》（故宫博物院藏）

清 绣龙袍

清初 小花格子锦

金、各类妆花及缂丝、刺绣等共十余类。在出土丝织品中，早已闻名于世的绫、罗、绸、缎、纱等比比皆是。清代早期丝织业在苏州、杭州，苏州织机人家不下万家，杭州机声满城，家家相闻。稍后江宁、广州、佛山相继发展起来。丝织品品种丰富，织造精美。由于清代距今年代较近，从大量的传世品中我们就能了解的十分清楚。

（二）中国古代主要的纺织原料

纺织原料是纺织业发展的基础，我国历史上使用的纺织原料均为天然纤维，最初是野生采集而得，而后绝大多数则由农业和畜牧业生产所得。

在原始社会初期，人们御寒的衣物基本上是狩猎所得的兽皮、羽毛以及树叶、茅草。到了新石器时代，随着纺坠、原始腰机等简单纺织工具的发明和对天然纤维认识的进一步了解，特别是新石器时代晚期男耕女织原始分工的出现，使得与当时的农牧业同样重要的手工纺织业也逐渐形成并不断发展起来。

中国古代用作纺织原料的主要有：葛、麻、丝、棉、毛等。

葛，又名葛藤、葛麻。是属于豆科类的藤本植物。其根可食，其藤含有丰富的纤维素，可作纺织原料。葛纤维是我们祖先最早用于纺织的植物纤维之一。早在新石器时代，我们的祖先就知道食用葛根并用葛的藤条来捆扎东西。在长期的生产、生活实践中，先人们逐渐掌握了分离葛纤维加工成纱线，并编织成纺织品的技术。

1972年，在江苏吴县鞋山新石器时代遗址中曾发现织物残片，质地密结、色彩淳朴，经上海纺织研究所分析得知其成分便是葛纤维。商周时期，葛从野生变为家植，周代还专门设立了"掌

葛藤

"葛"的官吏来管理葛的种植和纺织。西汉时，葛布已分为粗细两种；东汉以后直到三国，虽然大麻、苎麻等植物已广泛种植，但偏僻的山区仍然以种葛为主；到隋唐时期，随着纺织技术和工具的完善，纺织生产能力的增大，葛藤由于生产期长、加工比较困难而逐渐被大麻取代；元明清时期，我国南方开始大量种植棉花，葛布衣几乎销声匿迹，仅在边远地区或山区使用了。

麻在很长时间内是作为中国下层民众阶层的衣服材料。麻类纤维是我国最早使用的纺织原料之一，其种类甚多，分布不同，性能亦不同。主要有苎麻、大麻两个品种。

大麻

大麻是属于桑科的一年生草本植物，对土壤和气候的适应性很强，在我国绝大部分地区都有分布。早在三四千年前，我国大麻的种植就遍及华北、西北、华东、中南各地。

河南郑州大河村新石器时代遗址出土了不少大麻种籽实物，说明当时已开始有人工种植大麻，并已利用大麻进行纺织了。商周以后，大麻的纺织生产愈来愈盛，河北藁城西村商代遗址和墓葬中均有麻布出土。到了汉代，劳动人民认识到大麻可分雌雄异株，雌株用来榨油，雄株用来纺织。当时以麻葛为原料的织物就有绉、绨、绤等许多品种。大麻是做布衣的理

大麻　　　　　　　唐　麻布

想原料，同时由于麻布具有挺实、宜于生产的特点，在古代中原地区曾作为庶民阶层的主要纺织原料。

苎麻

苎麻又名野麻，是我国特有的多年生草本植物，生长在比较暖和、雨量充沛的山坡等地。其外皮有一层纤维和胶质黏结起来的韧皮。在新石器时代，人们便掌握了自然发酵脱胶的方法；战国时期，苎麻因一年可以收三次而得到大面积推广种植，苎麻布的生产也大为增加，已和葛纤维一样普及。当时统治阶级还常用洁白精细的苎麻布作为互相馈赠的贵重礼品。

西汉时，随着各民族的相互交流，苎麻不仅是中原地区人民的主要衣着原料，在西南边疆等地区也开始种植和使用。隋唐时期，江南地区苎麻布的年生产能力达到一百多万匹；到了宋代，苎麻布的生产不仅数量多，而且花色品种、加工技术也有了更新的发展，出现了以地区或花色命名的苎麻布产品。而后，苎麻布的生产逐渐减少，但仍在南方用以织夏布、蚊帐等，因其确有"去汗离身"的性能，在国外也享有盛誉，被称为"中国草"。

苎麻

棉花花

棉

棉花是锦葵科棉属作物，分一年生草本棉和多年生灌木棉两类，是我们最熟识的纺织品原料。而棉布，又被称为"白叠布"。

我国的棉花是由巴基斯坦、印度等国家传入的，最早在南方、西南和西北地区种植。三国时期，棉花的种植已经遍及珠江、

棉花

北朝　龟背纹白地蓝花印花棉布
（1959年新疆于田出土）

东汉　蓝白印花棉布
（1959年新疆民丰出土）

嫘祖像

闽江流域。考古出土资料显示，东汉、魏晋南北朝到隋唐，几百年间都有棉织物出土：印花布、棉口袋、白手帕、褡裢布以及棉丝织品。特别是元代棉纺织革新家黄道婆，从海南岛学到了加工棉花和棉纺织技术，并带回家乡，为我国的棉花种植和染织，特别是长江下游和松江地区的广泛种植和利用棉花、发展棉纺织技术作出了卓越的贡献。

由于明代统治者的极力提倡以及棉农的常年实践，培养出了许多棉花品种，各地因地制宜摸索了不同种植方法，使其种植遍布全天下。明清以来，棉花逐渐取代了麻、苎成为广大人民日常衣着原料。到19世纪初，我国棉布远销西欧每年可达三百万匹。此后，棉纺织逐渐成为纺织业的主要部分，在数量上甚至超过蚕丝。

蚕　丝

蚕丝是十分优良的纺织原料，具有纤细、光滑、柔软、耐酸、光泽、强韧等特点，被称为"纤维皇后"。据实物资料证明，早在距今4700年前的长江流域良渚文化遗址中，就已发现了迄今最早的丝织品残片。

传说最早发明养蚕缫丝的是嫘祖，她是古代传说中黄帝的妻子。她偶然发现了蚕在桑树上吃桑叶，进而结成了茧，于是她把蚕茧摘下，抽出蚕丝，织成丝绸穿在身上，并传授人们养蚕抽丝的方法，被后人供为蚕神。这个传说说明，早在5000年前，生活在黄河流域和长江流域的祖先们就已经认识到蚕丝的妙用，开始养蚕织绸。在商代的甲骨文中已经有蚕、桑、丝、帛等文字记载，表明当时的蚕桑丝织业已经很普遍。殷商以前，中国的先民们利用自然界生长的桑树资源养蚕织绸,但数量甚少。随着人类的进步和日益增长的衣着需要,人们便设法通过人工栽培桑树来扩大养蚕的规模。周代时家蚕的养殖在黄河流域已经很普遍。在《诗经》的《大雅》和《豳风》、《秦风》、《卫风》中均出现有关桑、蚕及丝织的诗句。根据《诗经》和《左传》、《仪礼》等书的记载,这时不但已有"蚕室",进行室内养蚕,而且还有蚕架、蚕箔等专门的养蚕工具和缫丝设备。之后人们不但开始逐步注重桑叶的质量,改良桑树品种以适宜蚕的生长发育,而且还选择优良的蚕种以提高蚕的质量。

战国秦汉时期,随着生产力和社会经济的不断发展,养蚕、缫丝、织绸技术也得到相应发展。丝绸日益普及,产量大增,丝织品花样品种也更加丰富。特别是西汉时期,张骞出使西域,沟通了东西往来的交通,丝绸外贸空前发达。同时丝绸之路日益繁忙,不仅将丝绸运往外地,同时也将中国先进的养蚕技术传播出去,为世界纺织业发展和传播作出了积极贡献。

据考古资料显示,我国墓葬出土的大量丝织品,为我们展示了历史上各时期丝绸品的发展历程。明清时期,丝绸的生产已经非常专业化,明朝形成了以江南为中心的区域性密集生产,苏州、杭州、松江、嘉兴和湖州地区成为当时五大丝绸重镇。清代的蚕桑丝绸技术在继承明代的基础上进一步发展,生产工序上更为细密,专业化程度更高,各种丝织品类争奇斗艳、绚丽多姿。

汉 菱纹罗地"信期绣"(马王堆汉墓出土)

清 雪青牡丹纹漳缎(中国历史博物馆藏)

毛

毛，即动物毛发，是我国古代重要的纺织原料之一，包括羊毛、燕羽毛、孔雀毛、兔毛、驼毛等。

我国利用毛纤维的历史可以追溯到石器时代，随着狩猎技术的提高和畜牧业的发展，古人便开始使用毛纤维。就考古资料显示，在新疆哈密五堡古墓群、且末的扎滚鲁克古墓群等气候干燥的新疆地区皆有大量的商周到春秋时期的毛织物出土，种类繁多，保存完好。

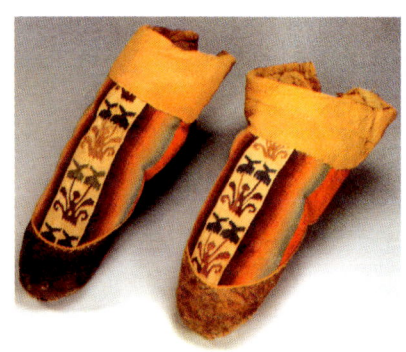

东汉魏晋 缂毛鞋（新疆民丰尼雅出土）

同时据文献记载，最迟在汉代，已能分离出可供纺织的驼绒纤维；南北朝时期，江南地区已利用孔雀毛、雉毛、燕羽毛；唐代开始使用兔毛用于织物生产。明清时期，毛纺织技艺更加精湛，北京定陵博物馆所藏明代缂丝龙袍，胸部团龙补子中的龙纹部分，便是孔雀毛织就。北京故宫博物

清 孔雀羽彩绣袍

孔雀羽彩绣袍局部

院藏清乾隆刺绣龙袍，以孔雀羽捻成纱线盘旋而成做底色烘托龙纹，尤为华贵精美。

（三）中国纺织工具的出现及演变

纺织机械是中国古代机械的重要组成部分，也是中国古代重要发明之一。新石器时代早期，在浙江余姚河姆渡、河南磁山裴李岗等遗址中就曾出土了不少的纺轮和织机部件，如机刀、经轴、布轴等，并据此复原出了原始的纺坠和腰机。而后的春秋战国前后，纺织机具发展为由某种动力通过传动进行工作，那就是踏板织机和纺车。中国古代纺织机械在漫长的发展过程中，形成了自己的特点，其中纺车、缫丝车、踏板织机和提花织机是其中最具特色的，并为世界纺织技术的发展做出了很大的贡献。

纺坠又名纺专、纺锤，是由拈杆插在纺轮中间组合而成，是纺车出现前的成纱工具（即我国发明的最早的捻线工具）。纺坠的记载最早见于《诗经·小雅·斯干》："乃生之女，载寝之地，载衣之裼，载弄之瓦。"据释，瓦即纺专，亦即纺坠。意思是女孩子出生后，就应给她玩弄纺轮，使她习惯将来的活计。但关于纺坠形制的完整记载却迟至元代王祯《农书》上才出现。

纺轮作为纺坠的主要组成部分，有石质、骨质、陶质和玉质等，形状有圆形、球形、锥形、台形、蘑菇形和齿轮形等多种形状，不少纺轮上还刻有精美的图案。早期的纺轮比较厚重，适合

新石器时代　陶纺轮（陕西西安半坡出土）

新石器时代　陶纺轮（浙江余姚河姆渡出土）

屈家岭彩陶纺轮

纺粗的纱线，新石器时代晚期，纺轮变的轻薄而精细，可以纺更纤细的纱。根据考古资料，在全国三十几个省市已发掘的早期居民遗址中，几乎都有纺坠的主要部件纺轮出土。在出土实物中，新石器时代的纺轮出土数量最多，遍布全国。目前，我们所知最早的纺轮出土于河北磁山遗址，距今已有7000年的历史，稍后的浙江河姆渡遗址也出土了不少纺轮。此外，著名的半坡遗址、大汶口遗址都有形状不一的纺轮出土，其中福建省清东张新石器时代遗址、青海省乐都柳湾原始社会墓地中出土纺轮数量最多，皆超过百枚，由此亦可见当时纺轮使用的普遍性。

浙江杭州瑶山十一号墓出土了一件属于良渚文化时期的玉质纺坠，这是最早的一件有拈杆和纺轮同时出土的纺坠实物，其纺轮质为白玉，拈杆质为青玉，杆截面呈圆形，上尖下粗，拈杆尖部有一小圆孔，当穿一短木，作为定拈装置。由此我们可知其使用方法：使用时，需要先用手搓出一条线头，把它拴在纺杆的顶端并绕在纺杆上，当人手用力使纺轮转动时，其自身的重力使一堆乱麻似的纤维牵伸拉细，盘旋转动时产生的力使拉细的纤维拈而成麻花状。在纺轮不断旋转中，纤维牵伸和加拈的力也就不断沿着与缚盘垂直的方向（即纺杆的方向）向上传递，纤维不断被牵伸加拈，操作者只要一边转动轮盘，一边将不同的纤维续进去，就可以纺出长长的线了。

纺坠的发明和使用，是在徒手搓拈技术的基础上的又一个大的进步，减轻了人们手工捻纱的劳动强度，是纺纱机械产生和发展的起点。纺坠的出现不仅改变了原始社会的纺织生产，对后世纺纱工具的发展也产生了十分深远的影响。由于纺坠结构简单，取材制作容易，操作方便，因而自商至两汉时期一直沿用，并且作为一种简便的纺纱工具，即使在20世纪，西藏地区的一些游牧藏民仍旧用它纺纱。

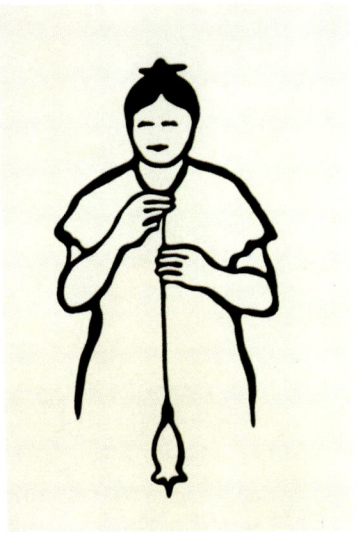

陶纺轮使用示意图

纺 车

中国古代纺车是纺织生产中的重要工具,是在纺坠纺纱技术的基础上发展而来的一种高效的卷绕加速设备,它通过大轮和小轮的大小差异,通过传动,大大地提高了卷绕的效率,又有手摇纺车、脚踏纺车、大纺车等多种形制。

手摇纺车

手摇纺车至迟在战国时期就已出现。但它在当时的主要用途是丝绸生产中的摇纬、并丝等。而后纺车的用途逐渐生成,包括纺纱,久而久之人们专门以纺纱这一用途来命名这一机械了。手摇纺车在汉代已经普遍使用,1976年山东临沂金雀山汉墓出土的壁画及山东、江苏等地的多处画像砖上都有纺车图案。最初的纺车为单锭,主要构件为锭子、绳轮、绳带、手柄,这种只纺一条线的纺车在今天的农村仍能看到。

安徽麻桥东吴墓的出土物证明,纺车在魏晋南北朝时期被广泛用于纺纱。在敦煌莫高窟K98和K6中的五代《华严经变》壁画上也看到两架手摇纺车图像,形制与北宋王居正《纺织图》中描绘的手摇二锭纺车相似,可见其的延续和发展。

手摇纺车不仅提高了纺纱的效率,而且提高了丝、麻等纺织品的质量。其出现后一直广泛使用,直到现在,我国少数民族地区还保留着更多锭数的手摇纺车,如广西地区用于麻纺的三锭手摇纺车,新疆地区用于毛纺的六锭手摇纺车等。

汉纺车图形(山东临沂金雀山汉墓出土)

单锭纺车

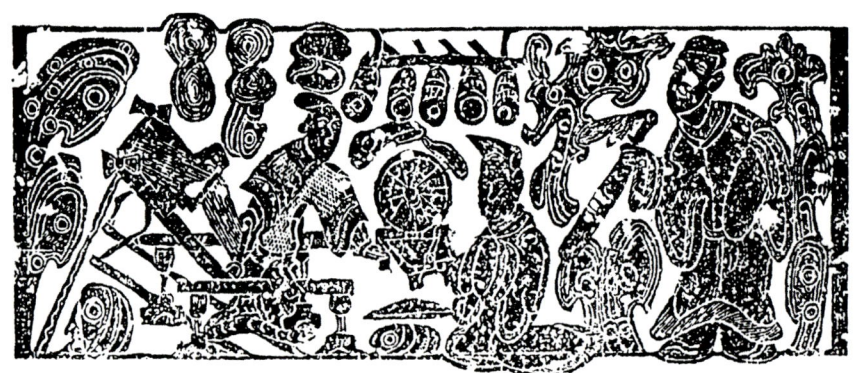

东汉　脚踏纺车画像石（江苏泗洪曹庄出土）

脚踏纺车

脚踏纺车是在手摇纺车的基础上，经过不断地改进逐步发展起来的。由脚踏机和纺纱机组合而成。中国最早反映脚踏纺车的图像出自1974年江苏省泗洪县曹庄东汉画像石上。宋元时期，皆有关于脚踏纺车的记载，特别是元代王祯《农书》记载了专用于纺棉的脚踏木棉纺车、专用于加麻缕的小纺车及可控制缕纱张力的脚踏纺车"木棉线架"。

脚踏纺车较手摇纺车有了较大的进步，使用时不但将右手解放了出来，使双手都能从事纺纱或并线，而且轮的牵引力也大为提高。

大纺车

大纺车是在各种普通纺车的基础上逐步发展起来的。其记载最早见于

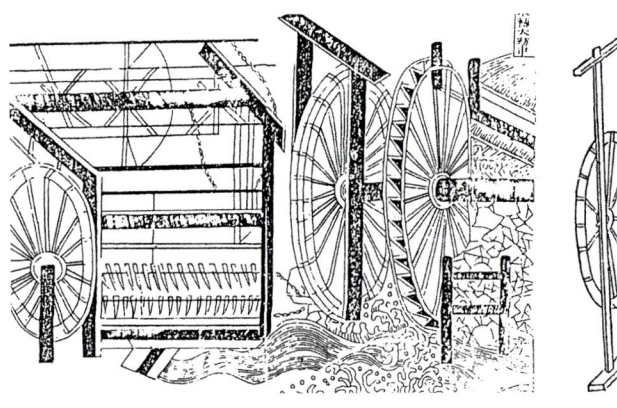 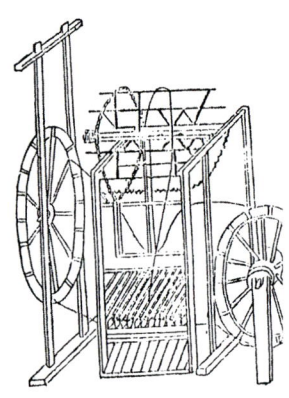

大纺车　　　　　　　　水转大纺车

王祯《农书》并配有图形。由于没有牵伸引细条纱的能力，大纺车专用于丝麻加捻。除了用人或畜作动力外，当时还有用水力作动力的。到明清时期，随着棉纺的普及，麻更加少用，将大纺车用于蚕丝加捻合线的情况更加普遍。大纺车也就几乎专用于捻丝了，不少地区将其直接称为捻丝车。卫杰在《蚕桑萃编》中就介绍了江浙等地区应用大纺车的情况，并将其分成水纺和旱纺两类。从卫杰所载图文来看，两种大纺车基本上均与近代浙江绍兴和湖北江陵一带遗存所出捻丝车相似。

织机是纺织机械中的重要组成部分，汉字中"机"字的繁体字写作"機"，就是一台织机的形象。织机是以直角交织两组或多组纱线形成织物用的机器。其发展也不是一蹴而就的，它从最初的原始腰机到战国前后的踏板织机，以及多综式的提花机，再到唐朝的束综提花机，可以说中国丝织机械的产生、定型、定名，历经了数千年。

原始腰机

原始腰机是我国新石器时代的早期纺织技术上的重要成就之一。它是一种没有机架的，但能够完成织机基本功能要求的机具。其主要借助人体腰部和双腿的蹬力作用进行工作。

最早的原始织机构件在距今7000年前的浙江余姚河姆渡新石器时代遗址中就已经发现，其出土的纺专、管状骨针、打纬木刀和骨刀、绕线棒等纺织工具，都是原始织机的佐证，也是目前所发现的世界上最早的原始织布工具。良渚文化的织机玉饰件应是目前所知最完整的织机构件。

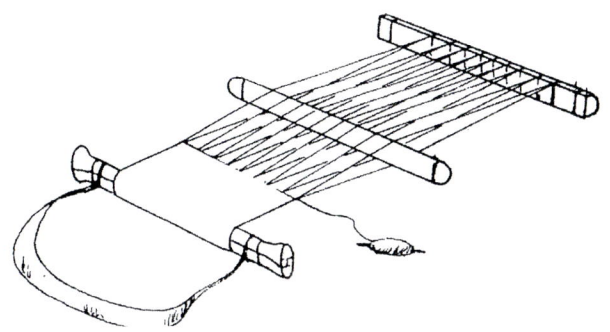

良渚遗址出土的原始腰机复原图

使用腰机织布时,两端用木棍拉紧经线,其中一端用脚蹬住,另一端用绳子系在腰间,借用人体腰部和两脚的蹬力,使经线被拉紧完成织造过程。从云南石寨山出土的汉代青铜贮贝器盖上的一组人物铸像,可以清晰地看到这种原始腰机被固定在织工的腰上和脚上进行织造的情景。

踏板织机

踏板织机是中国纺织史上的一项重要发明。从古代文献记载和出土的纺织品来看,于商周之际,人们在原始腰机的基础上,增加机架、综框、经轴(辘轳)和提花装置,发明了形制比较完整的织机。人们通过不断改进,发明了固定经轴和布轴的机架,而且在机架上安装了脚踏板,把原始腰机上的手提综片开口改为用脚踏板来传递动力拉动综片进行开口,使织工能够腾出手来专门用于投梭、打纬,大大提高了生产力。

踏板斜织机

根据资料可知,踏板织机在春秋战国时期已经出现,但真正图像则大量出现在东汉时期的画像砖上。如山东滕县的宏道院和龙阳店,山东嘉祥县武氏祠、山东肥城孝堂山郭巨祠、山

青铜贮备器局部

青铜贮备器
(云南晋宁石寨山出土)

汉代纺织画像石
(江苏铜山洪楼出土)

东济宁晋阳山慈云寺等都有描绘织机形象的画像石出土，有的还带有传说故事情节，反映了当时一般家庭织造技术的水平。

通过这些织机资料可知，他们之间既有共性也有不同。共性是机身皆倾斜并安装有踏板，故而常被人称为踏板斜织机。同时根据他们提综装置的区别，又可将其作更细的分类，即提压式、中轴式等。

踏板立机

踏板立机是由中轴式双蹑单综斜织机发展而来的，由于其径面垂直，故称立机。它是现知结构最为明确、完整的踏板织机。

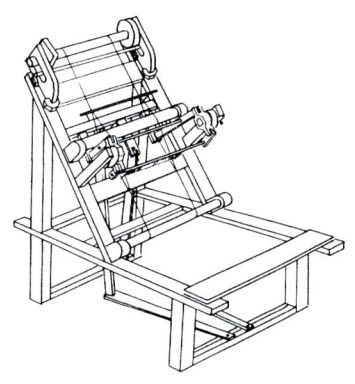

汉代踏板斜织机复原图

关于立机的最早记载出现在敦煌文书中，敦煌文书中不仅出现立机所织棉布的代称"好立机"，敦煌壁画上也能找到立机的图像。此后元代薛景石《梓人遗制》中更是对立机子做了非常详细的记载，据此通过复原了解可知踏板立机与普通踏板织机的区别在于：其一，经面垂直；其二，经轴可以升降；其三，采用刚性连杆及踏板与连杆的巧妙连接方法；其四，由于转动的中轴和升降的经轴能使经丝张力在两次开口构成中得到补偿和平衡，使经丝张力的变化减小到最低程度，故而可以说其为中国古代踏板织机中最为巧妙、出色的一种。

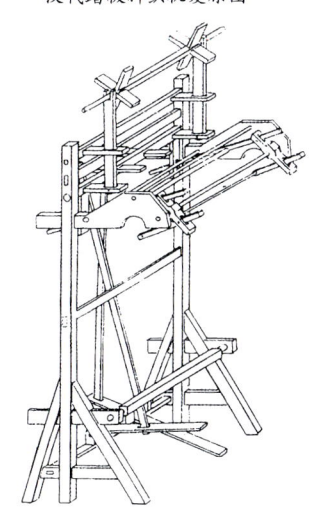

元代踏板立机复原

双蹑双综机

双蹑双综机由两块踏板分别控制两片综片开口。这种机型出现较迟，目前所知最早资料是在传为南宋梁楷绘制的《蚕织图》中，元代程棨所绘《耕织图》中也有类似的图像。根据图像中织机结构来看，其又可称为单动式双蹑

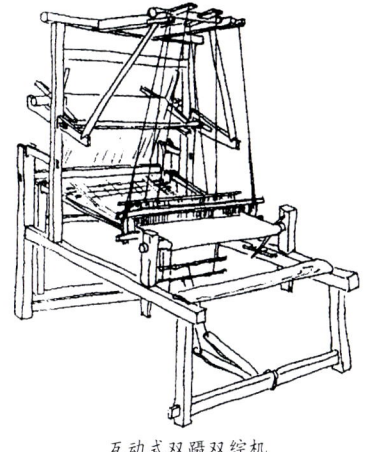

互动式双蹑双综机

双综机。约于明清时期，互动式双蹑双综机出现，其采用下压综开口，开口结构十分简洁明了，清代各地十分流行，在江南地区农村中也称为绢机，其实亦用来织棉布。直到现在，在民间能看到的双蹑双综机，基本上就是这种形制。

此外，在众多的汉画像石中，我们还能看到只使用一块踏板的单蹑单综机，它与双蹑织机明显不同。

提花织机与提花技术

提花技术是中国古代纺织技术的重要组成部分，它把复杂的织机开口信息用综或花本贮存起来，反复使用，控制另一次开口，使织机能织成图案精美、色彩缤纷的织物。

从商代出土的青铜器、玉器上附着的丝织品来看，当时的丝绸已经有织出的图案，也就是说当时已经发明了提花技术和提花织机。实际上提花技术也就是一种开口技术，不过贮存开口信息却有着不同的形式。一种为多综式提花，凡是采用这种提花技术的织机我们就称为多综式提花机。在踏板织机最早出现的年代里，这种提花综杆与踏板开口装置相互配合，就形成了多综多蹑提花机。这也是世界上最早能控制织物经向图案循环的织机。但由于一台织机上装不下太多的脚踏板，受踏板数量的限制，织物图

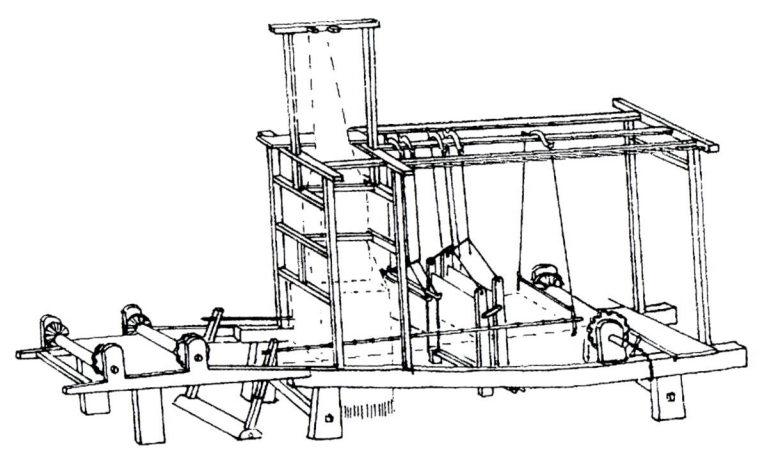

宋人《耕织图》中的束综提花机

案经向循环就不会太大。我们在分析战国秦汉提花丝织品时就可发现，其织物的图案宽度常达整个织物的门幅，但其经向长度却不超过几厘米。

中国的织锦技术在公元3世纪前后传入当时的西域地区，西域织工们将汉式织锦方向旋转了90°，魏晋南北朝时期这种纬向循环的技术又开始反向传入中原地区，此时，一种既可以控制经向循环又可控制纬向循环的束棕提花机开始定型。到了唐代，提花机织出的绫锦花纹已达到新技术的高峰，真正的提花机形成了，这应是一种小花楼机。以后，元明清三代，随着丝织生产的不断扩大，丝织局、府的增多，丝织技术不断创新，束综提花机也由简至繁、花纹循环由小至大，织工的设计能力也达到了很高水平。特别是在提花机上装载了专门的花本控制织物的图案，直至近代，始终处于领先地位，还启蒙了早期电报和计算机的编程设计。

特殊织机

此外，为了便于生产，还有一些具有特殊用途的纺织工具，长期以来一直广泛应用，如生产丝带、花边的专用机械——栏杆织机；用来织造地毯、挂毯和绒毯的

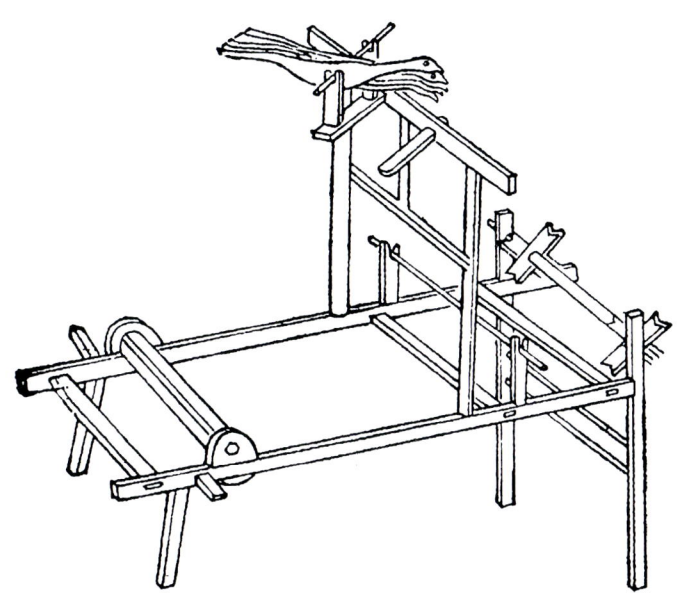

《梓人遗志》中的罗织机

立织机；织造罗织品的罗织机；少数民族生产壮锦的竹笼机等，使用起来得心应手，有的甚至沿用至今。

其他纺织机具

根据纺织原料及织物要求的不同，劳动人民在长期的生产实践中，还创造了多种用途的纺织机械，如用来缫丝的缫车，用来弹棉花的弹弓等。

缫丝机械

一头蚕吐丝可得一粒茧子，一粒茧子从头至尾可以抽800～1000米的蚕丝，若干根蚕丝同时抽出并利用丝胶粘着在一起，就是缫丝。

缫丝技术在新石器时代就已出现，最初的缫丝工具应为一种绕丝器。在藁城商代遗址出土的丝织品残痕，证明了商代已经开始利用器械缫丝，掌握了一定的缫丝工艺。而在江西省贵溪县崖墓群发掘出土的战国时期的绕丝工具，其中不少绕线板，板型呈"工"字形。

真正的手摇缫车出现在商代，到唐代仍是主要的缫丝工具，只是形制、内容上有所改变。缫车之称谓见于唐代文献，称作"缫车"。最早的

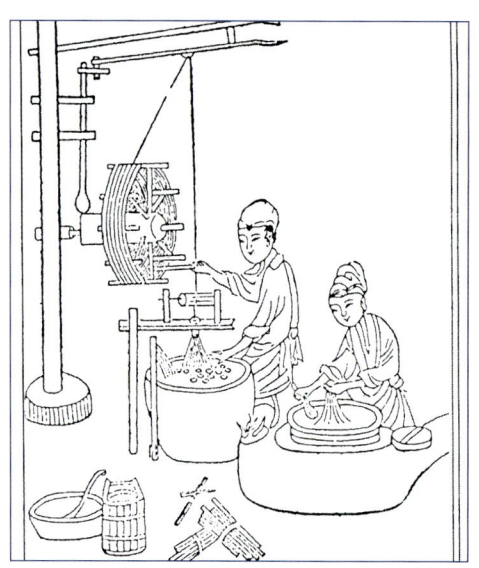

手摇缫车

《天工开物》原刻本中的脚踏缫车图

文献描述是北宋秦观所著《蚕书》。

至宋代，在手摇缫车的技术基础上，改进驱动机构的脚踏缫丝车在大江南北广泛使用，它的出现标志着缫丝生产力的飞跃发展，不仅减轻了工作强度，加快了旋转速度，同时还提高了丝质。脚踏缫丝车只需一人操作，缫工可坐着操作，手脚并用，独自完成索绪、添绪、回转丝轫等几个动作。这种缫车与近代杭嘉湖地区保存的丝车已无大区别。

到了近代，陈启沅先生发明了新式缫丝机，提高了生产效率。同时，民族工商业家黄佐卿在上海建立了第一家民族资本的机械缫丝厂——公和永缫丝厂。而后苏州、无锡等地的丝厂先后建立，国外的缫丝机械也涌入我国，并仿照西方的生产形式进行运作，形成了一系列的近代化生产体系。传统的缫车和缫丝方法逐渐退出缫丝业。为现代丝绸业的发展奠定了基础。

木棉弹弓

木棉弹弓是专门用来弹棉花的一种工具。棉花脱籽晒干后，必须开松，使之成为分离松散状态的单个纤维，同时除去部分杂质后再使用。这种开松的工艺古代称为弹花。

最早记述棉纺织中有弹棉工艺的是南宋方勺《泊宅编》，书中谈到棉花"以小弓弹令纷起……"。胡三省描述宋代弹弓形制："以竹为小弓，长尺四五寸许。牵弦以弹，弹令匀细。"元明时期弹弓进一步发展，明代《农政全书》记载："以木为弓，蜡丝为弦"，后人描述其功效成倍增长："……置弓花衣中，以槌击弦作响，则惊而腾起，散如雪，轻如烟。"

清代道光年间人记载的木棉弹弓与近代浙江地区所用的弹弓形状相似，运弓更为灵活方便，现在仍是南方部分地区棉加工手工艺生产的工具之一。

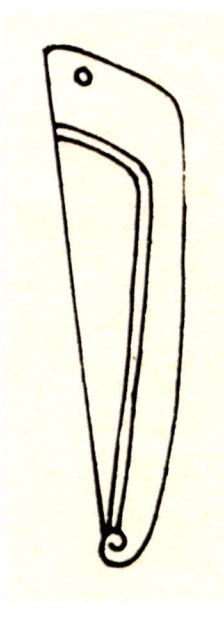 

《农书》中的木棉弹弓　　《天工开物》中弹棉图

二 中国传统印染技艺的溯源

为了使织物更加美观,人们利用矿物及植物等各种染料,通过不同的方式对织物进行再加工。在历史的发展过程中,人们不断创新、改进,形成了中国自己的织染技术体系——染缬,其历史悠久,工艺也比较复杂。

(一)传统技艺

染缬泛指中国古代传统印染技艺,中国古代染缬可粗分为手工染缬和型版染缬两大类。在手工染缬中,包括手工描绘、手绘蜡缬、绞缬等。型版染缬则根据印花版的情况分为凸版(阳版)和镂空版(凹版或阴版)。凸版是以凸出部分作花上色印刷,通常有压印和拓印两种;镂空版就是用凹进或镂空的部分上色作花印刷,其工艺可分为一次防染和二次防染。

直接印花

绘画在中国出现很早,丝织品印花技术是绘画技术的延伸。他将染料或颜料拌以黏合剂,用凸版或镂空版将其直接印在织物上显花。最早的凸版印花实物出自湖南长沙马王堆一号汉墓,墓中出土的金银色印花绢,采

汉　金银色火焰纹印花纱(马王堆汉墓出土)

用金银黄三种颜色套印而成。同时出土的一些织物则采用了印花技术与敷彩相结合的方法。我们从这些出土丝织品可以了解到，西汉时期，我国印花彩绘技术已相当精湛，并掌握了镂空版和凸版分色印花的全部工艺。特别是1983年发掘的广州南越王墓，不仅出土了与马王堆相似的印花织物，同时还出土了两块青铜质的凸纹印花版，有力地证明了汉代时我国的凸版印花技术已相当发达了，由此也反映出中国出现凸纹印花技术与中国传统的印刷方式是密切相关的。

铜质印花凸版
（广州南越王墓出土）

此种印花方法在宋元之后仍有应用和发展，特别是新疆维吾尔地区，在近代还大量使用。

绞缬

"缬"是古代防染印花织物的统称。由于中国古代以防染印花为主，故"缬"字也曾作为中国古代丝绸印花的总称。实际上，从"缬"字的本义来讲，它实际上是指绞缬一种，即今日所谓的扎染。

据记载，缬盛行于南北朝时期，发展到唐代技艺已十分成熟，当时通过缝绞、绑扎、达结等方法对织物进行处理后进行防染。绞缬名目繁多，见于唐诗中的就有"鱼子缬"、"团宫缬"、"方胜缬"等。真正用于服饰的最早的绞缬实物在魏晋时期就多有发现。如甘肃敦煌佛爷庙北凉墓葬、新疆尉犁营盘墓地及吐鲁番阿斯塔那北朝至隋唐墓葬群中都有出土。其图案花纹多为小点构成，也有少量网目状和朵花状的图案。唐代以后出土的绞缬文物虽不多见，但其技艺还一直使用，直到近代民间，这种工艺仍然长存不衰。

汉晋　红地绞缬绢（新疆营盘墓出土）

夹缬

夹缬之名始见于唐代，夹缬工艺是指用两块对称的夹版夹住织物进行防染印花的技术。操作时，把布匹对折夹在两片刻有同样花纹的木板中间，捆扎后注入需要的颜色或者投入染缸中染色，待去掉夹板后，便显出不同的花色图纹。夹缬既有单套色也有多套色，因工艺较为复杂，所刻花版费工费时且容易变形，因而得到了不断地改进。

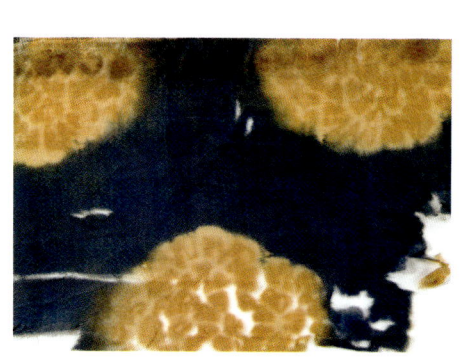

夹缬残片（青海都兰蕃墓葬出土）

唐　丝绸夹缬幡（甘肃敦煌莫高窟发现）

但至目前没有发现盛唐以前的实例。元明后虽有实物传世，但记载却不多。明清时期，已少有夹缬的记载，但却有实物发现。国外不少博物馆收藏有作为西藏唐卡封面的夹缬作品，故宫博物院则收藏有用于包裹明代刻版经本的夹缬织物，如花卉蔬果五彩夹缬绢、鱼戏莲五彩夹缬包袱等。

蜡缬与灰缬

蜡缬是用蜡进行防染印花的产品。在织物上用蜡的方法很多，一种是手绘，用笔或用刀，另一种则是"点蜡法"。但在中原地区，蜡缬使用的时间不长，据推测，蜡缬初传至我国时，很受欢迎，但由于中原产蜡极少，而采蜡又十分不易，所以古人便寻找代用品，经过摸索，渐渐掌握了用黄豆粉加石灰之类的灰剂碱剂的方法，这就是灰缬。在唐代，蜡缬还与夹缬相结合产生了镂空版的二次防染技艺。

而后，灰缬的工艺渐渐多用于棉织物。一方面是因为灰缬对丝纤维的损伤太大，另一方面也是因为棉纤维的应用大大普及且棉纤维不怕碱的缘故。此时，灰缬一般就被称作"药斑布"或蓝白印花布了。据《古今图书集成·职方典》记载："药斑布出嘉定及安亭镇。宋嘉定中（1208～1224年）有归姓者创为之。以布抹灰药而染色、候干、去灰药，则青白相间。有人物、花鸟，作被面、帐帘之用。"药斑布中"药"即染色原料——蓝草，"斑"是防染浆剂印后构成的纹样大小斑点。这些斑点可以防止染上蓝色，保留坯布白色，故称"药斑布"，俗名浇花布。

唐晚　蓝地蜡缬绮（都兰吐蕃墓葬出土）

　　元、明以后，棉花广为种植，并"纺之为纱，织之为布"，松江及南通地区纺纱织布，已是"家户习为恒业"。明代中叶，已发展为棉纺织品的集散地，该地区濒江临海，土质气候适宜棉花种植，所产棉花不仅量多而且质好，为手工纺织业发展提供了良好的条件。随着棉纺手工业的发展，棉布在民间已相当普及，成为农家主要日用品。蓝草大量种植，染坊相继增加，人们对日常生活用品要求不断提高，原来的"药斑布"简单、粗糙的图形已不能满足民众的审美和生活的需求，民间艺人大胆地吸收剪纸、刺绣、木雕等传统艺术图案，不断地丰富药斑布的纹样。

唐　宝花水鸟纹灰缬绢（新疆吐鲁番出土）

唐　狩猎纹灰缬绢（新疆吐鲁番出土）

传说梅福和葛洪是手工花布的祖师爷。江苏、浙江、山东等地区染坊内都挂上梅、葛二仙纸祃。据史料记载：梅福是西汉末期安徽寿春人，他曾任南昌尉（旧称洪都），后弃官求仙，也称"寿春真人"。葛洪是西晋时人，因有战功，被封为"关内侯"，他是有名的道士和炼丹家。他们被后人奉为染布作坊"染布缸神"。逢年三十每家染坊都要祭祀梅、葛二仙，祭祀时除放上梅、葛二仙纸祃外，还要放上观音、财神、家堂的板印纸祃及酒菜等，供奉结束后祭品一起烧化，染坊内的师傅及帮手聚集一起开怀畅饮，祈福"染布缸神"常伴。在湖南、湖北地区每年九月初九重阳节和十月二十二日染坊内都要祭祀梅、葛仙翁，祈求"染仙"保佑，来年染出的布品质好、色度牢。旧时的民间染坊常见墙壁上贴有"缸水调和"、"缸中出金"等吉祥词幅，在门上贴着"葛先翁手下分五彩"、"梅真人白布变青蓝"的对联。

染布缸神　　　　　　　　蓝印花包袱布

明末清初，人们逐渐把这种蓝草印制花布直接称为"蓝印花布"。蓝印花布以耐磨耐脏及透气吸汗的特性深为农家所喜欢。民间蓝印花布由于花纹清晰、色彩浓郁、沉着朴素美观而广受人们喜爱，并历代沿袭、传承下来。光绪《通州志》载："种蓝成畦，五月刈曰头蓝，七月再刈曰二蓝。甓一池水，汲水浸之入石灰，搅千下，盝去水即成靛。"

清末民初，由德国、英国生产的人工合成靛蓝进入了国内市场，因其价格昂贵,仅在少数城市使用,大部分染坊还使用自种自收自制的靛蓝。民国时期,随着合成靛蓝大批量的生产,国产化质量的提高,价格下降,人工靛蓝越来越受到城乡染坊的青睐,但在染色工艺流程上仍保持着灰酒发酵法。

(二)染料与染色

中国古代用于织染着色的主要材料分为矿物颜料和植物染料,其中以后者为主要的染料。汉字中的"染"字由"水"、"九"、"木"组成,其中水指染色要在水中进行,木字指染料多为草木之材,九为多的意思,也就是说,染色是以草木做染料在水中进行的。

使用天然的植物染料给纺织品上色的方法,称为"草木染"。新石器时代的人们在应用矿物颜料的同时,也开始使用天然的植物染料。人们发现,漫山遍野花果的根、茎、叶、皮都可以用温水浸渍来提取染液。经过反复实践,我国古代人民终于掌握了一套使用该种染料染色的技术。商周时期,染色技术不断提高,到了周代,开始使用茜草。由于它的根含有茜素,以明矾为媒染剂可染出红色。周代设置了专门管理植物染料的官员负责收集染草,以供浸染衣物之用。染出的颜色不断增加,《诗经》里提到织物颜色的,就有"绿衣黄里","青青子衿内衬"、"载玄载黄"等。秦汉时,染色已基本采用植物染料,形成独特的风格。

汉代染色技术已达到了相当高的水平。湖南长沙马王堆、新疆民丰等汉墓出土的五光十色丝织品,虽然在地下埋葬了两千多年,但色彩依旧鲜艳,当时染色法主要有两种:一种是织后染,如绢、罗纱、文绮等;另一种是先染纱线再织,

汉—晋 "延年益寿长葆子孙"锦(新疆民丰尼雅出土)

如锦。1959年新疆民丰东汉墓出土的"延年益寿长葆子孙"、"万事如意"、"阳"字锦等，所用的丝线颜色有绛、白、黄、褐、宝蓝、淡蓝、油绿、绛紫、浅橙、浅驼等，充分反映了当时染色、配色技术的高超。东汉《说文解字》中有39种色彩名称，明代《天工开物》、《天水冰山录》则记载有57种色彩名称，到了清代的《雪宧绣谱》已出现各类色彩名称共计704种。

我国古代使用的主要植物染料有：红色类的茜草、红花、苏木、番红花、苏枋；黄色类的荩草、栀子、地黄、姜黄、郁金和槐米；蓝色类的鼠李；黑色类的皂斗、榉柳、杨梅和乌桕等，它们经由媒染、拼色和套染等技术，可变化出无穷的色彩。其中从染色技术角度来看，植物染色中最为特殊的是红花和靛蓝两种。

红花又名红蓝，可以直接在纤维上染色，因此在红色染料中占有极为重要的地位。据说红花原产于西域，张骞通西域时带回红花的种子在中原种植，红花染色技术也随之传入中原。红色曾是隋唐时期的流行色，唐代李中的诗句"红花颜色掩千花，任是猩猩血未加"形象地概括了红花非同凡响的艳丽效果。根据现代科学分析，红花中含有黄色和红色两种色素，其中黄色素溶于水和酸性溶液，无染料价值；而红色素易溶解于碱性水溶液，在中性或弱酸性溶液中可产生沉淀，形成鲜红的色淀。

红花

古人采用红花炮制红色染料的过程如下：将带露水的红花摘回后，经"碓捣"成浆后，加清水浸渍。用布袋绞去黄色素（即黄汁），这样一来，浓汁中剩下的大部分已经是红色素了。之后，再用已发酸的酸粟或淘米水等酸汁冲洗，进一步除去残留的黄色素，即可得到鲜红的红色素。这种提取红花色素的方法，古人称之为"杀花法"，此方法在隋唐时期就由我国已传到日本等国。如要长期使用红花，只需用青蒿（有抑菌作用）盖上一夜，捏成薄饼状，再阴干处理，制成"红花饼"存放即可。待使用

蓼蓝　　　　　　　　　槐蓝　　　　　　　　　马蓝

时，只需用乌梅水将花汁中和成酸性，再用碱水或稻草灰澄清几次，便可进行染色了。改变红花素染液的浓度，则可得到不同的染色色泽，如莲红、桃红、银红、水红等。"红花饼"在我国宋元时期之后得到了普及推广。

用于制靛的蓝草其实有多种，如菘蓝、蓼蓝、槐蓝、马蓝等。中国人利用蓝草的色素染色，可追溯到春秋战国时期。战国后期的大思想家荀子《劝学》载："青，取之于蓝，而青于蓝。" 这是荀子目睹绿色"蓝草"的色素转化过程及染出由黄变绿、由绿变蓝、再变青的过程发出的感叹。蓝色从蓼蓝提炼而成，但颜色比蓼蓝更深，由蓝靛染料发展成为蓝染的工艺技法，所染出的大青、绀青等色也是中国传统服饰的主要颜色。北魏贾思勰著的《齐民要术·种蓝》专门记述了从蓝草中搌蓝淀的方法："七月中作坑，令受百许束，作麦秆泥泥之，令深五寸，以苦薟四壁。刈蓝倒竖于坑中，下水，以木石镇压令没。热时一宿，冷时再宿，漉去荄，内汁于瓮中，率十石瓮，著石灰一斗五升，急手挼之，一食顷止。澄清泻去水，别作小坑，贮蓝淀著坑中。候如强粥，还出瓮中，蓝淀成矣。"这是世界上最早的制蓝淀工艺操作记载。这种古老的发酵还原技术自春秋战国时期开始一直沿用至今。

除植物染料外，矿物颜料在中国古代织物上的使用也十分广泛。"矿物染"是指利用各种矿物颜料给服装着色的石染方法。中国最早用于着色的矿物颜料是红色的赤铁矿和黑色的磁铁矿等矿物质。这些五颜六色的石块很容易从自然界取得，不需经过复杂的处理就可使用。在中国陕西临潼五千多年前的姜寨遗址中，曾发掘出一块盖着石盖的石砚，掀开石盖，砚面凹处有一支石质磨棒，砚旁有数块黑色颜料以及灰色陶质水杯，一共五件，构成了一套完整的彩绘工具。我们的祖先已经认识到，在涂色前须把矿物质粉碎、研磨，磨得越细，颜料的附着力、覆盖力、着色力等就越好。

矿物染的最早记载出现于商周时期，战国时期的《尚书·禹贡》中就有关于"黑土、白土、赤土、青土、黄土"的记载，说明那时的人们已对具有不同天然色彩的矿物和土壤有所认识。我国古代主要矿物的颜料有：红色的赤铁矿和朱砂、黄色的石黄（雄黄和雌黄）、绿色的空青、蓝色的石青、白色的胡粉和蜃灰、黑色的炭黑。我国染赤色最初是用赤铁矿粉末，后又用朱砂（硫化汞），但用它们染色牢度较差。朱砂，古时称作"丹"，在我国湖南、贵州、四川等地都有出产。用这种颜料染成的红色非常纯正、鲜艳。《史记·货殖列传》中记载着一位名叫清的寡妇的祖先在四川涪陵地区挖掘丹矿，世代经营，成为当地有名巨贾的故事。由此可见，在秦汉之际，这种红色颜料的应用广泛。1972年，长沙马王堆汉墓出土的大量彩绘印花丝织品中，有不少花纹就是用朱砂绘制成的，埋葬时间虽长达两千多年，但织物的色泽依然鲜艳无比。可见西汉时期炼制和使用朱砂的技术水平是相当高超的。

汉　印花敷彩纱丝绵袍
（马王堆汉墓出土）

东汉之后，中国人对无机化学的认识有了很大提高，开始运用化学方法生产朱砂。为与天然朱砂区别，古时的人们将人造的朱砂称为银朱或紫粉霜。其主要原料为硫黄和水银（汞），这是我国最早采用化学方法炼制的颜料。人造朱砂还是我国古代重要的外销产品，曾远销日本等国。

除矿物颜料和植物染料外，还有一些动物染料被用于丝绸染色中，其中最为有名的是骨螺。中国的红里骨螺的腮下腺便可用于染色，原为黄白或黄绿色，经光照后可转为各种色调的紫。由于一个骨螺可用作染色的部分极少，其贵重可想而知，有"帝王紫"之称。

魏 县 织 染
WEIXIANZHIRAN

魏县织染的产生与发展

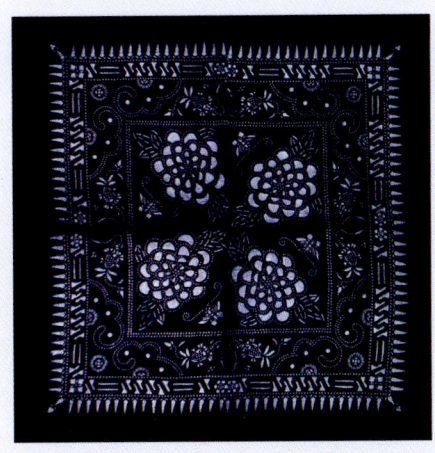

魏县位于河北省南部，历史悠久，夏朝时为观扈国，战国时为魏武侯别都。自古就有先民在这里劳作、生息、繁衍。尤其是冀南平原得天独厚的地理位置和气候环境，使得魏县人民在长期创造的生产生活实践中，创造出了富有特色的既实用又美观的土纺土织和手工印染花布。在中国纺染史中占有一定位置。

一 魏县织染的发展概述

（一）魏县土纺土织的产生与发展

魏县土纺织历史悠久，是冀南土纺织的代表。自元代，棉花由中国边疆传入中原，魏县的纺织业便由麻纺织变为棉纺织，迄今已有700年的历史。它不仅是我国传统手工艺的重要组成部分，也是中国古代纺织技艺的活化石。几百年来，魏县广大妇女通过母女、婆媳口传模式，不仅传承了土纺土织的制作工艺，而且传承和发扬了中华民族独特的历史传统、文化精神和审美理想。它是深藏于民族民间古老的生命技艺和活态的文化基因，它体现着魏县历代劳动妇女的聪明智慧，是中华民族宝贵的文化资源和财富。

据《中国近代纺织史》载："元代后期，棉花开始传入河北。明中叶以后，河北植棉发展迅速，丝织业则普遍衰落。"《明太祖洪武实录》载："洪武二十五年（1392年），开封、大名等地的棉花得到了丰收，产量高达一千一百八十万斤。"由此可见，魏县土纺土织始于元，兴于明清。新中国成立初期至20世纪60年代初是魏县土纺织艺术的鼎盛时期，到20世纪60年代后，由于机器纺织工业的发展而逐渐衰落，有着悠久的土纺土织的历史渊源。据调查，在1960年以前，魏县农家几乎都有纺车、织机，家家纺线、户户织布，招揽花布印染生意的拨浪鼓声不绝于耳。"姑娘年十八，织布又纺花，心灵手又巧，找个好婆家。"心灵手巧的魏县织女祖祖辈辈传承着纺织技艺，创造出了条文、方格等花色图案200余种，形成了鲜明的地方特色。

元朝时，由于推行了屯田、兴修水利等生产措施，使得各

织布

掏缯

印布

地的农业生产逐渐获得恢复和发展。元代棉花的种植逐渐推广，成为农业生产上的一项重要成就。随着纺织技术的不断进步，元代棉纺织业得到迅速的发展，特别是棉纺织革新家黄道婆把棉纺技术传授给江南织农，使民间花布生产技术有了长足进步，并对纺织工具进行了改革，而脚踏式三锭棉纺车的推广，使生产效率大大提高。而北方由于天气寒冷，一直采用手摇单锭纺车。妇女可以坐在炕上纺线，所以手摇纺车一直延续至今。此外，黄道婆还推广和传授了"错纱配色，综线挈花"之法。在黄道婆的推动下，河北土纺土织业也得到了大力地发展，魏县广大妇女开始纺花织布，用土布做成的衣服、被褥逐渐成为人们生活中的必需用品。

土纺土织布

土纺土织方格布

明初的手工业以棉纺织业、制瓷业、矿冶业和造船业等的发展最为突出。棉花的种植比宋元时期更加普遍，已成为最重要的经济作物。纺纱织布已成为农村的重要家庭副业。明中叶以后，纺织业出现了构造复杂、先进的织机，可以织造各色花纹布，棉纺织业技术进步，纺织产量大为提高。

方格布"春暖花开"

明末清初，棉花的种植进一步扩大，清代棉花的种植已经遍布全国。河北也成了著名的产棉区，为手工业的发展提供了更多的原料。明清时期，棉纺织业开始突破了男耕女织和自给自足的传统形式，农户开始把自家的土纺布拿到集市上去变卖，以获得劳动报酬。纺花、卖布成了魏县广大农户的主要经济来源和农妇的主要日常工作。清代，魏县的手工纺织技术已达到很高的水平。清末民国初，受外国粗布进口量增加和机器棉纺业发展的影响，手工棉布的销售受阻，魏县土纺织开始出现衰退、萎缩现象。

纺线

 魏县 织染

武强年画《男耕女织快发家》

到20世纪20年代，第一次世界大战使欧洲各国输入中国的布匹骤然减少，给中国的手工棉纺带来了一丝生机，魏县的土纺织又开始兴旺起来。再加上化学染料的引进和应用，土纺布的花色品种开始增多，据魏县文化馆原馆长王凤银老师介绍：这时期的魏县土纺布一改过去朴素、单调的面貌，色织、提花增多，并且出现了多种几何图案错落有致地排列在一起的花纹土纺布。

抗日战争爆发后，机器纺织遭受严重摧残，为了满足军民的需要，补充战时衣被之需，中共领导大力扶植民间纺织生产，冀南地区的农村几乎家家都有纺车、织机，魏县的土纺织得到了进一步发展。

新中国成立之后，广大人民积极投入生产，这一时期魏县土纺土织异常活跃。全县农村中十家中有七、八家备有纺车、织布机，成年妇女都能摇车纺花、蹬机织布。广大妇女还通过自己的聪明才智和生产实践，在二页缯的基础上创造了三页缯和四页缯的织布方法，土纺布的色彩和图案更加丰富多彩。20世纪50年代，魏县妇女又发明了新的土布样式——苏联大开花和苏联小开花，充分说明了广大劳动妇女的创造能力。

20世纪60年代后期，机器纺织业迅速发展，人们的

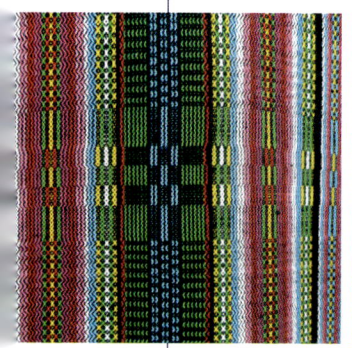

土纺土织布

方格布"苏联小开花"

方格布"苏联大开花"

穿戴被机织布和各种化纤布所代替，魏县的土纺土织逐渐被冷落，大部分农户的纺车、织机都闲置起来，纺花织布的社会景象渐渐退出了人们的生活，淡出了人们的视野，很多年轻人都已不再学习土纺土织这门技艺，有的甚至不知道土纺土织是什么。

到20世纪90年代，随着人民生活水平和文化素质的提高，重新认识到棉布吸汗保暖、无毒保健的优点，对手工纺织品产生了新的认识，部分农民重操旧业，登机织布，土布产品重新进入到了人们的生活。纯棉土布已发展出彩条、方格、花格、提花等系列土纺布，可以用20多种基本色线组合搭配，编织出上百种图案。

（二）魏县手工花布的产生与发展

魏县花布染织技艺，包括手工蓝印花布与手工彩印花布技艺两种。魏县手工花布产生的具体时间并没有明确的史料记载，但我们可以推断它的产生与魏县土布的产生有着密不可分的关联，也就是说魏县印花布是在有了土布后才产生从而不断发展的。据有关专家考证魏县花布染织技艺始于宋，广泛普及于明，鼎盛于清代至20世纪80年代。

明末清初，随着棉纺手工业的发展，棉布在魏县民间已相当普及，成为农家必不可少的生活用品。蓝草大量种植，彩色染料更加丰富，染坊相继增加。魏县的民间艺人大胆吸收剪纸、刺绣、年画等传统的艺术图案，不断地丰富了手工花布的纹样。同时，民间艺人将以往的木刻花版改为桐油纸刻花版，省工省时效果也好，上油后花版耐水、耐刮、耐刷性强，使用寿命长而且花纹更丰富，使印花工艺日趋成熟。

魏县民间花布的广泛应用促进了刻版队伍的迅速发展，并形成了自己专业的刻版艺人队伍。同时，山东、河南、河北枣强等地的刻版艺人也来魏县各个染坊兜售花版，他们不断地

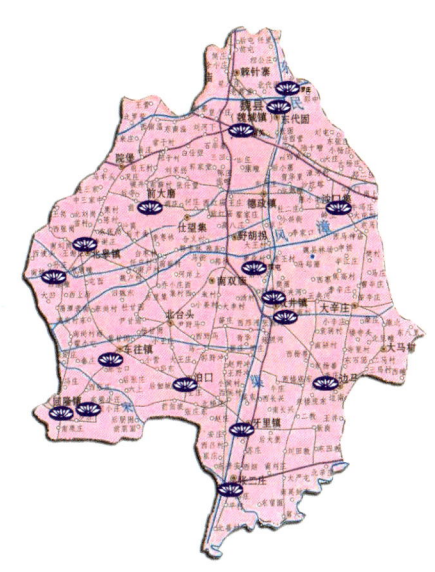

河北省魏县蓝印花布技艺分布图

元宝石

收蓝叶

更换花型，以求得生意兴隆，这也促进了蓝草种植业的发展。据魏县后罗庄村印染艺人罗功回忆，他家祖辈几代人以种蓝草、卖土靛、开染坊为业。每年农历二月开始种植小蓝（蓼蓝草），五月份开始收割头蓝，大暑季节收割二蓝，每逢收割季节村里几家种蓝户相互帮忙，收割下来后，倒入1米多深的大坑里，上压木头、石块，打满水，等出蓝后把茎叶捞出，撒入适量石灰，几个人站在池四周，用"T"形木棒快速搅拌。蓝靛下池后，把通道口打开放掉上面的清水，把沉底的土靛取出过箩，待成泥状后装于陶制的坛子中，留作自用并把富余部分售给附近染坊。

明末清初，人们逐渐把这种蓝草印制花布直接称为"蓝印花布"，因用豆面印制也称"豆面花布"。彩印花布因色彩丰富，称"五彩花布"，又因多用于姑娘出嫁时的包袱布，又称"红绿包袱"。

在20世纪80年代以前，魏县农村常常听到有节奏的拨浪鼓声，那是染坊师傅在走村串巷揽活儿和送活

蓝印花布　　　　　　　　　　蓝印花布

彩印花包袱布 　　　　　　　　　　局部

彩印花包袱布 　　　　　　　　　　局部

彩印花包袱布 　　　　　　　　　　局部

手持拨浪鼓的老艺人

儿，有时还能看到印染艺人推车挑担，当场印花布的情景。改革开放以前，一对蓝印花布褥面和一对彩印花布包袱是姑娘出嫁时的重要陪嫁之一。据了解，1980年，魏县有60多家染坊，如魏县后罗庄村、刘深屯村、河南村等每个村子都有七八家家庭式染坊，他们农忙时种地，农闲时为附近村民加工印染花布。随着市场上"洋布"的不断增多，很大程度上冲击了手工花布的生产，加工印制手工花布的染坊逐渐减少。1983年后，魏县手工花布作坊相继停产，手工花布技艺也面临被淘汰失传的境地。近几年来，手工花布又重新受到大家的喜爱，成为人们心目中的艺术品和实用佳品，同时也得到一些专业人士和研究人员的关注。

魏县织染的生存基础

（一）棉花生产发展的历史背景

在目前所见的史料中棉花由边疆传入中原的具体过程还不太清楚，但是由于唐代与西域地区经济文化交流的频繁，宋代经济重心南移，长江流域与两广、云贵地区经济来往密切，棉花在唐宋时期已不断地向中原地区移植则是可以肯定的。在宋代，周去非的《岭外代答》、赵汝适的《诸蕃志》、方勺的《泊宅编》等书，都有关于"南人"、"闽广之人"如何纺绩棉花的记载，证明中土之人对棉花已有相当清楚的认识。由于棉花"比之桑蚕，无采养之劳，有必收之效；埒之枲苎，免绩缉之工，得御寒之益，可谓不麻而布，不茧而絮……此最省便"（王祯《农书·农器图谱集之十九·木棉序》），因而得到了比桑麻更快的发展。

元代时，国家统一、社会安定、民族融合，工具和耕作技术的改进、水利工程的兴修和农作物的推广促进了各民族、各地区之间经济文化交流，农产品商品化明显增强。元代官修的《农桑辑要》称："苎麻本南方之物，木棉亦西域所产。近岁以来，苎麻艺于河南，木棉种于陇右，滋茂繁盛，与本土无异。二方之民，深荷其利。"王桢《农书》亦

松江布

称木棉"其种本南海诸国所产，后福建诸县皆有，近江东、陇右亦多种，滋茂繁盛，与本土无异"。由这两条记载可以明显看出宋元时期棉花由南北两个途径迅速传入了中原地区。元代以前，河北纺织业以丝、麻为原料，其中又以丝为主。元代后期棉花开始传入，自此之后，棉纺织逐渐取代丝纺织、麻纺织成为魏县的纺织业支柱。

宋、元以来，棉花的种植多在湖广、江南一带，到了明初，山东、河南、河北等地也开始大量植棉了。洪武二十五年（1392年），开封、大名［《魏县县志》载：洪武十年至三十一年（1377~1398年），大名入魏县］等地的棉花得到了丰收，产量高达一千一百八十万斤。可见，明朝初期魏县棉花的种植比宋元时更加普遍，已成为最重要的经济作物。明朝中叶，农业和手工业的生产水平都超过了前代。随着棉纺织业技术的不断进步，魏县土布产量也大为提高，成为广大人民的主要衣料。在明代，棉纺织业已成为普遍的家庭副业，也是当时产量最多、销路最广阔的手工业。李时珍在《本草纲目》中描述棉花在"宋末始入江南，今遍及江北与中州"。邱浚在《大学衍义补》中说："其种乃遍布于天下，地无南北皆宜之，人无贫富皆赖之"。

清康熙以后，耕地面积逐渐超过明代，棉花等经济作物的种植也进一步扩大，为手工业的发展提供了更多的原料。方观承《御制棉花图》题跋载，在河北冀、赵、深、定诸州，"栽培棉花者占十之八九"。李拔在《种棉说》中则称"天下无不衣棉之人，无不宜棉之土"了。由于棉花生产的大发展，我国迅速成为棉花与棉布的出口国。

鸦片战争后的最初几年，由于中国手工棉纺织业的发展，洋棉进口逐渐增加。到19世纪60年代后，由于外国资本主义棉纺织业的发

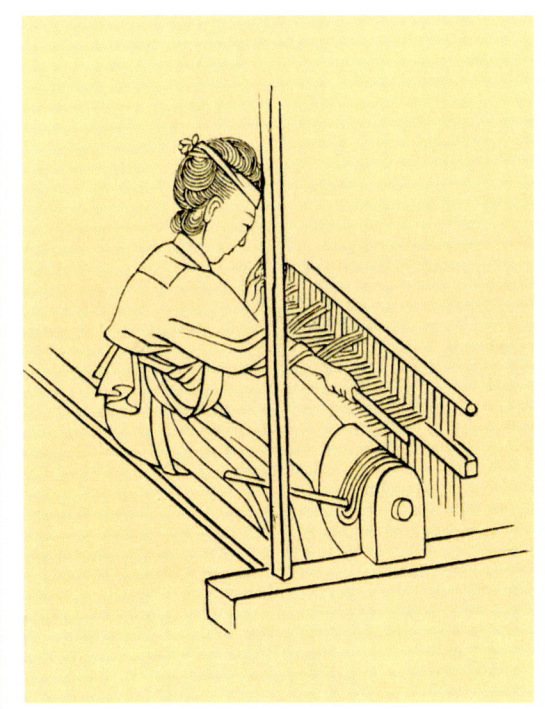

清初刻《康熙耕织图》

清初刻《康熙耕织图》

  展,棉花价格提高,进口减少,出口呈现增加,棉花由入超变为出超。甲午战争以后,特别是到20世纪初,农业生产的商品化进一步发展,世界市场对棉花的需要大量增加。19世纪70年代以后,中外资本都开始在中国投资创办机器棉纺织业,刺激了中国棉花种植面积的扩大。不仅原来的产棉区的种植面积逐渐扩大了,就是许多原来不种棉花的地区,也开始大规模种植棉花。甲午战争以后,棉花种植发展更加迅速。

  魏县织染正是在棉花由外而内、由南及北的不断传播、推广之下产生和发展起来的。

（二）魏县棉花生产的自然条件

魏县织染是广大民众不是为了商品生产和社会政治需要而创造的，而是为了满足自身社会生活的需要而产生的，这就决定了土纺土织的原材料，是随手可得，就地取材的。棉花的传入和种植为魏县织染的产生和发展提供了所需的必要材料，而棉花的种植离不开土壤、水分、光照等自然条件。

棉花简称棉，属双子叶植物，锦葵科、棉属，是唯一由种子生产纤维的农作物。棉花的生长需要充足的光照（属于长日照植物），比较耐干旱，热带草原、温带和热带季风地区最适宜生长，适宜生长在土层深厚、排水条件好的土壤上。

魏县位于河北省南部，北纬36°，东经114°～115°，属暖温带半干旱大陆性季风气候区。四季分明、气候温和、光照充足、雨量适中、雨热同季、无霜期长、光照时间多、干旱同期。魏县境内年平均日照时数2602.2小时，平均气温13.2℃，全年无霜期208天，光热资源丰富，平均降

魏县田野风光

魏县织染

魏县田野风光

水量588.5毫米。这些都为棉花的生长提供了有利的先决条件。

全县地势平坦，总耕地6.5万公顷，土层深厚，土质以沙壤、轻壤和中壤土为主，占全县土壤面积的85.6%，通透性和保水、保肥性能好，适宜棉花的生长。从现今的《魏县县志》关于经济作物的记载可以看到，棉花从元代传入河北以来一直是魏县的主要经济作物，并在不断地改良换代，这在很大程度上促进了土纺土织的持续发展。魏县传统种植"白绒棉"每公顷产棉只在150公斤左右。新中国成立后，通过不断扩大种植面积、增加引进新品种，使棉花产量逐步增加。到1988年，播种面积14,033公顷，总产779.31万公斤，达到了单产历史最高水平。

魏县境内的漳河和卫河两条河流，为棉花的生长提供了灌溉用水。漳河属黄河的一条支流，全长189公里，魏县段河长32.3公里，共流经11个乡镇。今卫河是组成漳卫南运河的五大河流之一。魏县境段是魏县与河南省清丰、南乐两县的界河,长15.9公里,是魏县的主要地上水资源。

自古以来,魏县就有"男耕女织"的风俗,棉花的传入和广泛种植,为魏县由麻纺织转入棉纺织提供了必要条件。之前,成年妇女一年中大多数时间都在纺线织布,白天除了做家务就是纺线,有时甚至几个人凑在一起纺到深夜。再加上棉布本身吸汗、健康、舒适等特点,使其生产得到迅速发展,逐渐成为人们日常生活的必需品。

采棉图

纺线

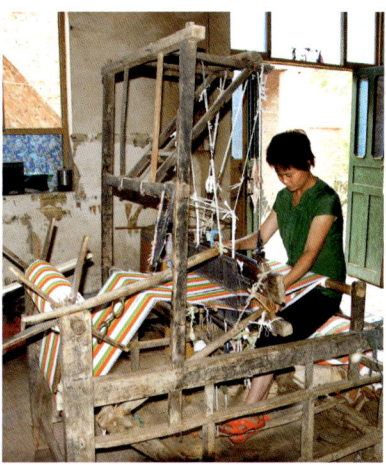

织布

土纺土织方格布

土纺土织方格布

土纺土织方格布

魏县织染
WEIXIANZHIRAN

魏县织染的制作过程

魏县土纺土织特色鲜明工艺流程主要为：搓花节、纺线、打线、染线、浆线、络线、经线、印布、掏缯、闯杼、倒纬、织布等12道工序。魏县蓝色印染花布更是丰富多彩，其技法承袭了几百年来的传统工艺，并不断发展形成以裱纸、画样替版、镂刻花版、上油、刮防染版、染色为主的制作过程。而魏县彩印花布的制作则是通过套色印刷完成，经过不断地传承和发展，逐渐形成了画样、刻板、上油、染色、印花等制作过程。

一 魏县土纺土织的制作过程

魏县土纺土织是魏县历代妇女通过她们独特的创造力、丰富的想象力和独到的表现力从而得以发展并延续的，她们在创造文化、改造自然和发展土纺织的过程中，总结了土纺土织的工艺流程并归纳为：搓花节、纺线、打线、染线、浆线、络线、经线、印布、掏缯、闯杼、倒纬、织布等12道工序。

（一）搓花节

搓花节

搓花节是进行土纺织的第一步，即在一个比较光滑的木板上，将弹好的棉絮展开，用光滑的细棒（魏县主要是用高粱秆，取高粱穗下面一节）将棉絮缠卷上，搓几下后抽出细棒，这样搓花节就完成了。

（二）纺　线

搓好的花节

纺线是把一条条棉花节用纺车纺成线的过程，是一个技术活。在农村，很多妇女都会纺线，但要纺的好，还需要一定的技术和经验。纺线在土纺土织中占有重要的位置，因为线的质量决定着成品布的质量。所纺线的质量的好坏也直接影响到成品布的质量。在整个土纺土织过程中，纺线所用的时间最长，成年妇女在一年中多数时间在家纺线。纺线的工序并不复杂，但两只手都要用上（右手摇纺车左手拿棉花节），为了使纺车在纺线时固定不动，通常左脚还要踩在纺车的横梁上，如果在室外，用石头或其他重物固定。纺线时，纺车上用一根绳线牵扯到纺车左首，别在纺锭杆（一般为钢质）上，右手摇动纺车，左手牵拉花节。纺车的转速和牵拉花节的速度要配合均匀、相互协调，否则线的粗细就会不均匀，而且拿花节的手不能捏花节太紧，也不能太松。太紧，花节容易断，太松，花节纺不成线。同时，拿花节的手还要往外拉和往回缩（拉是纺线，缩是缠线），所以，纺线靠的是经验、悟性和敏锐地感觉。

（三）打　线

纺完线后，把线头绑在打车梁上，摇动纺车的把手，把线缠到打车上，形成周长两米的均匀线圈。打完后把线从打车上脱下来，如果用于织白布，就直接进行浆线；若用于花布，要经过染线后再进行浆线。打线是织布前期一个比较简单的工作。

纺线

打线

（四）染　线

染线是纺织过程中一个重要的环节，掌握不好，染后的线很容易掉色。魏县土纺土织的染线方法是煮染。为了使棉线染过后色彩牢固，在染的过程中先把水烧开（必须烧开后放燃料，不能在冷水里放，否则容易掉色），放入染料，然后根据需要把线放入不同染料的锅中，煮30分

染线

浆线

浆线

钟左右后捞出，用清水漂洗、晾干。也有专门染线的染坊，农民有时会把线交给染坊先生来染。早期魏县土纺土织染线的染料有植物和矿物两种，植物染料的着色是通过其色素分子与植物纤维亲和而改变纤维的颜色，所着之色不易脱落或很少脱落，经得起日晒水洗。而矿物染料的着色原理是通过黏合剂使之黏附于织物的表面，但遇水容易脱落，经不起日晒水洗。随着科技的进步，现在魏县土纺土织染线的染料多用化学制剂，染色不仅不易脱落，色彩种类也较以前丰富多样，从而发展了土纺织的花色品种。

（五）浆 线

魏县土纺土织用于浆线的原料是面粉。在浆线之前，农民会根据线的数量计算面粉用量（这需要经验的积累），先活成面团，放置2小时左右，然后，把面团放在水里搅拌或用手揉挤面团，提取面筋。等面粉沉淀之后，把清水倒掉，这时的面粉就形成糊状。在锅里放水烧开，将面粉糊倒入锅里，一边倒一边搅，直到煮成稀面糊。把染好的线或白线挂放入盛有稀面糊的盆中揉搓均匀，然后放在浆线杆上（碗口粗细的木棍），边晾晒，边用一个光滑的木棒（一般用擀面杖）拧顺、抻拽，使浆线光滑，不粘不并。

在浆线过程中，面粉糊的稠稀要掌握适度，若过稠了，线就会脆，容易断裂；若过稀了，线就会松，也容易断裂。

（六）络 线

络线在土纺土织过程中也是一个比较简单的工作。目的是把浆好的线缠到线络子上。首先，把浆好的线套在线撑儿上，线络子套在"绞绞"上（成直角的铁杆，一端固定在高约10公分的木墩上），把线头绑在线络子撑上，在络子里面放一个小细棒作为把手，摇动它，把线从线撑儿上倒到线络子上，络线就完成了。

络线

（七）经 线

经线就是根据布的花纹需要计算出线数（比如：白线多少根、红线多少根等）和线的颜色种类、顺序，来确定线络子的排列顺序。把排列好的线从经线杆上的经线圈穿过，按照需要的长度拉开，套在事先准备好的经线撅上。经线宽度以帖计算，一帖40对线，受织布机宽度的限制，一般经12~15帖（织成成品布为1.2~1.5市尺）之间，魏县现在土纺织以经13贴居多。经线长度以线儿为计量单位，一线儿的长度为一丈二尺（织布专用尺，约9.5米），根据需要来确定经线的数量，一般经2~30线。

络线

经线

（八）印 布

印布就是把经好的线经过闯杼（把经好的线从左到右一根根地闯过印布杼）、过交后紧紧卷在盛花轴上。在往盛花轴卷之前要经过刷线这个步骤，目的是使线捋顺均匀、不粘连在一起。一边刷，一边卷，直到所有的线都整齐有序地卷在盛花轴上。刷线看似简单，但也是一项技术活，如果不注意用力过大，线就会断。但是，由于线比较细，刷线的刷子是由一种草的杆做成，虽然在刷之前要用蜡烛把刷头烧圆滑，但断线还是常有的事。每当断了线的时候，必须找到应该连接的两根线头，把它们接好。

印布

闯杼

过交

刷线

(九)掏 缯

掏缯是个很麻烦的事,要把经好卷在盛花轴上的线,一根一根地穿过缯孔。魏县地土纺土织一般以二页缯和四页缯为主,二页缯可织白布、条文布和方格布。四页缯是单层的四个缯,分头、二、三、四缯,掏法非常讲究。四页缯的基本花纹有胡椒花、水纹、斗纹、斜纹和跳线等。二页缯比较容易,一般按照交线的上下顺序进行,前页缯掏上交线,后页缯掏下交线。四页缯比较麻烦,要根据花纹的形状来掏,打破了二页缯按照交线掏的规律。

掏缯

土纺土织条纹布

方格布跳线纹	土纺土织方格布

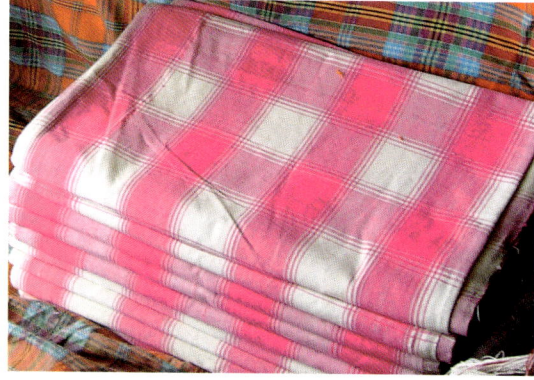

方格布"胡椒花"	方格布"斜纹"

 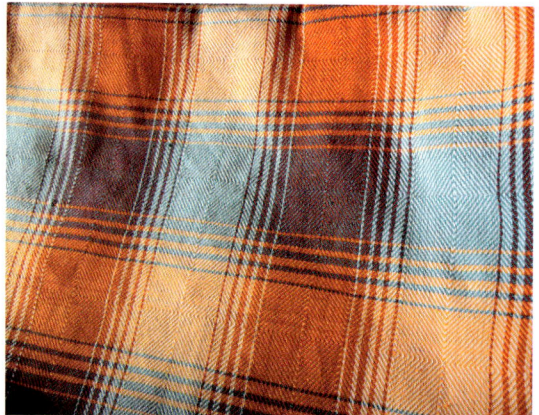

条纹布"水纹"	方格布"斗纹"

（十）闯 杼

闯杼又叫踱杼，是一项耗时费力的工作。把掏过缯的线用闯杼刀从右边开始一根一根地闯进织布杼，方法和闯印布杼一样。农户用的织布杼和印布杼以前多为竹制，随着社会的进步，现在出现了钢制的织布杼和印布杼。织布杼的样式和印布杼一样，但印布杼间隙比织布杼间隙小。

闯杼

（十一）倒 纬

倒纬又叫打笼布，是用纺车把线倒在笼布（芦苇中段，长约7厘米）上，用于纺织时的纬线。倒纬时，把线络子上的线头缠在笼布上，然后把笼布套在纺车的纺锭上，用手摇动纺车，线就会缠绕在笼布上了。笔者在魏县考察时，发现她们倒纬时，拿了

倒纬

把剪刀放在桌子上，先把络子上的线穿过剪刀的把手，然后再把笼布套在纺锭上，使络子上的线很容易脱落。所以，倒纬看似简单，其中却包含了魏县广大劳动妇女的聪明和智慧，也是她们创造力和想象力的高度展现。

（十二）织 布

在经过了印布、掏缯、闯杼、绑机（把经好的线固定在卷布轴上）等工序之后，就可以蹬机织布了。织布是土纺土织的最后一道工序，也是用时最长、最需要技术的工序。织布时，脑、眼、手、脚并用，充分发挥了

绑机

织布

梭子

人的协调能力。在一只手投梭子，另一只手接梭子的同时，大脑还要记住投梭的数量；在往前推机杼的同时，两只脚还要不停地踩织布机下面的脚踏板来升降缯，从而变化经线，织出花纹。织布用梭子的数量，根据织布的花色多少来定，一般纬线几种颜色用几把梭子。梭子由木头或竹子做成，分为明梭和暗梭：明梭中间掏空，两端打孔；暗梭也叫槽梭，一端挖槽，实木部分打孔。把线穿过梭子农妇们不借助任何辅助工具，而是用嘴把线直接吸过来，方便快捷。要想织出图案工整、疏密均匀的土纺布，手推机杼、脚踩脚踏板的速度和力度就要把握得当，推的重，布就紧，推的轻，布就稀疏。魏县土纺织用的织布机是脚踏板织布机，是经过人们在织布的生产实践中不断革新、改进、优化而形成的造型合理、操作方便、结构科学的平机。

二 魏县蓝印花布和彩印花布的制作过程

（一）魏县传统蓝印花布制作过程

魏县蓝印花布的技法基本上是保持了几百年来的传统工艺，分为配色、看缸、下缸三个步骤。

配色

配色是把蓝靛倒入小缸中，加入石灰、米酒和水搅拌，使蓝靛水变黄、水面上起靛沫，民间俗称"靛花"，然后倒入大缸待染。

搅拌靛青

打靛

看 缸

调色下缸由看缸师傅一人做主,一般不传外人。每天清晨由师傅看大缸里的染色水是否成熟,用碗舀起缸中苗水,先用食指在头上轻擦一下,手指沾到油脂后,再放在碗边的苗水上,看颜色大小,如碗中水面迅速推开,缸中靛水颜色大,反之,缸中水必须经过灰酒调整,成熟后方可染色。在染坊中,灰多称缸"老"或称"紧",使蓝靛下沉布不易上色;酒多称缸"软"或称"松",染时浮色多易掉色。

下

缸水保持在15℃以上,刮上防染浆的坯布,须浸湿后方可下缸。布下缸浸染充分后出缸氧化,这样反复浸染七八次,直到颜色满意为止。

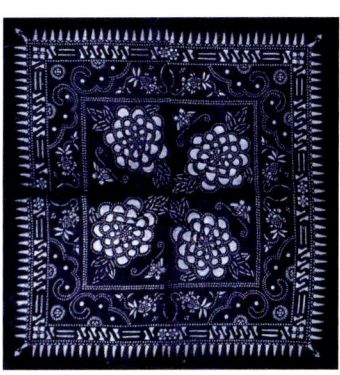

蓝印花包袱布

(二)改革开放后魏县蓝印花布制作过程

近年来,随着人们对民间印染工艺品审美观念的提高,蓝印花布由单面印花发展成为双面印花,在印制的品种上由单色发展成复色,在花样上也有了许多创新。其制作过程如下。

蓝印花包袱布

打湿牛皮纸

在纸上刷糨糊

用鬃刷刷平

 裱 纸

魏县刻花版所用的纸版一般是用5层粘连装裱在一起的牛皮纸。首先要把5张牛皮纸的两面用清水充分打湿，然后把打湿的牛皮纸放在光滑的桌子上，拿排刷蘸自制的面粉糨糊在纸上刷匀，把牛皮纸一层一层地粘在一起，最后用鬃刷把纸刷平，拿到光滑的木板上晾晒，晒干后刷一层熟桐油，待干后压平使用。

 画样替版

把设计好的花样复印在纸版上或直接画在纸版上称画样；把旧花版蒙在纸版上用鬃刷蘸色将图案刷印在纸版上称替版。

 镂刻花版

在已勾画出画样图案的纸版上，用刻刀进行雕刻即是镂刻花版。雕刻中又分刻面、刻线和刻点的手法。刻面，主要采用断刀的手法来表现大块图案；刻线，要刻得流畅、通顺；刻点，一般用自制的工具铳子来铳。刻版时纸下垫蜡盘，蜡盘由蜂蜡加草木灰制成，铳纸时下面垫锡墩。

花版

镂刻花版

上 油

用乱石把刻好的花版正反面打磨平整，刷熟桐油，晾干，经过2～3次正反面刷油、晾干后压平待用。

刮 防 染 版

刮浆前先将坯布打湿后卷起来，用大豆面和生石灰以1：1的比例加水调制成糊状，把刻好的花版放在白布上用木板刮浆印花，刮浆时要用力均匀，接版时要把布和花版放在边沿，这样才能使版面匀称相接。将刮好浆的坯布晾干待用。

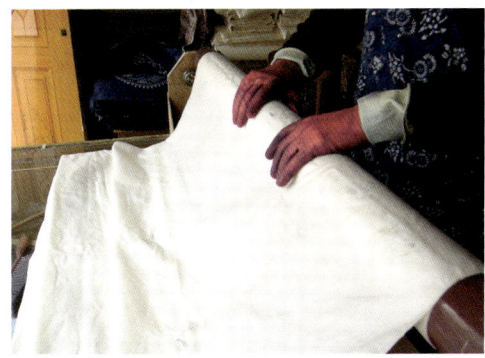

卷坯布

刮浆印花

刷桐油

压平

刮浆印花

染 色

　　魏县花布所用的染料是植物染料。染色前把竹篮放入染缸中间，以防止所染的布沉入缸底泛起缸脚，影响染色，然后把刮上浆的布松开放在水中浸泡，直到布浸湿到浆料发软后即可下缸染色。布下缸15~20分钟后取出氧化，透风15~20分钟，并不断转动布面使其氧化均匀，这样反复8~10次才能出缸。同时根据面料的不同和气候变化可调整下缸和氧化时间。染第一遍时布刚从染缸拉出来成黄绿色，经过氧化慢慢变成浅蓝色，最后成深蓝。

魏县织染的制作过程 ◎ 73

下缸染色

刮 灰

刚出缸的布晒干后灰碱偏重,要"吃"酸固色,清洗后,把布放在平台上,用卵石压住以防移动,用定制两头圆形的刮灰刀或家用菜刀倾斜45°用力适中刮去灰浆。

刮去灰浆

清 洗 晾 晒

花布经过刮灰后需要2～3次清洗,把残留在布面上的灰浆及浮色清洗干净后晾干。因受到刮浆、染色、晾晒等工艺因素的影响,蓝印花布的长度一般限定在12米以下,由染色师傅用长竹竿将湿布挑上7米高的晾晒架上晾干,最后将布压平整。

蓝印花布有蓝地白花和白地蓝花两种,蓝地白花只需一块版,构成的花纹互不连接,而白地蓝花一般采用两块花版套印,印第一块花版称"头版",待稍干后,再印第二块花版,称"盖版"。盖版是把第一块

晾晒

文化馆馆长霍连文在染坊晾布

版的边线部分遮起来，使纹样连接自然。蓝印花布纸版如同剪纸艺术，具有淳朴、粗犷、明快的风格，其艺术形象往往高度概括和夸张，有着浓郁的地方特色。

蓝印花布靠垫

蓝印花布靠垫

（三）魏县彩印花布的制作过程

魏县彩印花布的制作是通过套色印刷完成的，经过不断的传承和发展，逐渐形成了以画样、刻版、上油、染色、印花为主要程序的制作过程。

画 样 替 样

替样即把彩印花图案勾画或把旧花样刷印在薄厚适度的牛皮纸上。牛皮纸不能太薄也不能太厚，太薄花版不牢固，太厚不易印色。

刻 版

彩印花版由主花版、花边版、角饰版组成。花边版一般为单色版，角饰版和主花版一般由3～5张套版组成。将2～3层板纸订合在一起，刻版时刻刀（自制刻刀或剪纸刀）要竖直，力求上下几层的花形一致。刻刀

刻版

分斜口单刀、双刀和圆口刀"铳子"三种类型。

单刀以刻面为主,双刀以刻线为主,用双刀所刻的线宽窄一致,"铳子"分大小数种,主要铳制所需的圆点。刻版时纸版下垫蜡盘,铳纸版时下面垫锡墩。

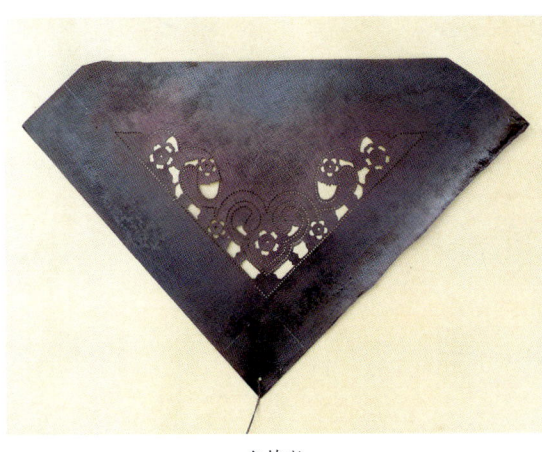

角饰版

花版

用卵石把刻好的花版反面打磨平整,然后刷熟桐油,晾干,经过2～3次正反面刷油,最后晾干压平待用。

魏县彩印花布的印染旧时多用进口的矿物、植物染料染花布底色,新中国成立后因国产染料价格低廉而且色彩更加丰富,所以被广泛使用。底色多用黄、绿、蓝等色,染色后洗去浮色晾干,压平待用。

印 花

  把染好底色的布平铺在桌案上，四边压牢，将花版放在布上，用鬃刷蘸色刷印。印花时先印花边、饰角，再印主花图案。印花时要套版准确、分接有别、少蘸多刷、用力均匀，各色套印完成后晾干，一件彩印花布就完成了。印彩印花布一般要先剪裁成所需的尺寸大小后再印花。

  彩印花布全凭人工套色刷印而成，图案由手工镂刻，其艺术形象往往高度概括和夸张，色彩鲜艳、内容喜庆，有着浓郁的地方特色。

彩印花包袱布　　　　　　　彩印花包袱布

印花

魏县织染的艺术特征及应用

　　魏县土纺土织孕育产生于民间生活，风格纯朴自然，造型丰富多样，色彩艳丽浓烈，集实用与美观于一体，从而达到地域性和时代性的完美结合。

　　魏县传统手工印染花布，题材内容寓意吉祥，纹样自然写实，具有浓郁的乡土气息。

一 魏县土纺土织的艺术特征

魏县土纺土织取材于乡土，出自广大民众之手，受风俗习惯、地域审美等差异的影响。劳动人民从生产、生活的实际需要出发，融入情感，总结经验，经过长期的发展和不断改进、创新，在土纺土织的图纹造型、色彩运用、工艺程序等方面，逐渐形成了自己独特的风格和特色。

（一）造型源于生活

魏县土纺土织的造型，是劳动人民日常生活中对客观事物的抽象几何变形，是对生活环境当中现实形象的一种反映。如魏县土纺土织中的"五点梅"、"席子纹"、"胡椒花"等图案造型，都是抽象化的几何纹样，皆取材于日常生活。这种抽象的造型特征是由民众特有的观察、思维模式、审美意趣所决定的，体现了魏县妇女的丰富的想象力和深厚的抽象造型能力。

魏县土纺土织的造型都是以"好看"为基本原则。魏县广大劳动妇女

方格布"五点梅"

方格布"席纹"

方格布"胡椒花"

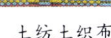

土纺土织布

造型多样的土纺织布

造型多样的土纺土织布

在长期的实践中,将自己的思维和对美的感受,完全融入土纺土织产品之中。这些造型纹理的结构、排列规律均为巧妇们随意地、自由地、巧妙地穿插、组合、排列从而形成了几百种不同造型形式的土纺布。这种自由组合搭配的表现手法,极大地拓宽了创作的思路,丰富了作品的创作形式。

同时,不同的生活环境、生存状态、知识阅历、生活理想又使每一个创作个体在审美理想、兴趣、爱好等方面存在着差异。这种差异使创作个体对土纺土织做出自己的阐释和理解,使得同一个几何造型形式在不同的创作个体那里表现不同,这也是魏县土纺土织造型特征的充分展示。

(二)色彩艳丽浓烈

魏县土纺土织的色彩特征和造型观念一样,是劳动妇女审美情趣的象征。色彩既与传统文化、审美观念相关联,同时也与不同地域、民族、生活环境有着特定的

造型多样的土纺土织布

土纺土织方格布

联系。在长期的实践过程中，魏县得土纺土织在用色上形成了色彩艳丽浓烈、丰富多样的特征。

在中国传统文化观念中，红色代表吉利祥瑞之意。传统的色彩观念作为一种富有特殊涵义的认知图式影响了民众的审美创造，从而使得魏县土纺土织的设色形成以红色为主的倾向。除红色之外，橙色、绿色、蓝色、黄色等色彩比较鲜明的颜色也是魏县土纺土织中的主体色系，从而使土布的整体呈现出明快、鲜艳、热烈效果。并且颜色搭配相当巧妙，蓝线和红线经过经纬叠压混合成紫色、黄色和红色混合成橙色、天蓝和白色混合成浅蓝色。这些色彩最初的产生可能有织女们配色的偶然，但这种偶然是长期实践的结果。虽然土纺土织的创造者没有经过专门的美术学习，不懂得什么是原色、间色、混合色，更不知道哪些是冷色、暖色，但他们凭着生活的经验、个人的喜好，编织出绚丽多彩的色彩，使民间自用的土布焕发出生命的活力。这不仅是岁月的历练和积淀，也是劳动妇女聪明和智慧的结晶。

（三）工艺程序规范

魏县土纺土织作为民间工艺的一种形式，其根植的文化体系和民众生活环境的相对稳定，从而形成了魏县织染的风格呈格式化的特征。同时魏县土纺土织是劳动妇女历代相传、经过不断的再创造而发展形成的，在历经几百年的生产发展中，她们根据各个不同的生产环节和要求，总结了土纺土织的工艺程序，使之更加规范化和程式化。

土纺土织作为民间艺术的一种，它的传承不是以书面文字的形式将制作工艺记录下来进而流传给后代的，而是通过纺织艺人口传身授的方式，这些工艺在世代相传的过程中会有一定的格局和局部的变化，但是总的工艺特征是不会变化的，如果完全不同，也就失去了魏县土纺土织其特质。

土纺土织布

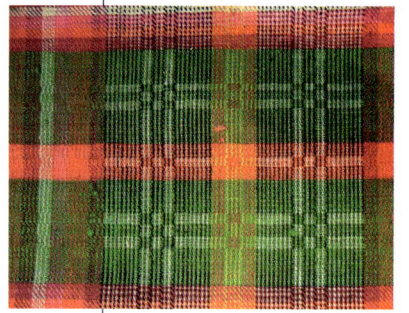

土纺土织方格布

土纺土织既是魏县民众生活必需品的制作，又是不断创新的艺术创造。在前人的基础上不断总结经验和实践过程中，魏县劳动妇女把土纺土织的生产工艺总结为12道制作工序，每一道工序都非常科学，而且缺一不可，缺少哪一道工序都会使土纺布变得面目全非，背离了它的优秀品质。

在色彩运用上，魏县土纺织的布面多以红色为主调，再配以黄、绿、蓝等色，并通过白色使各种跳跃的颜色归于统一，从而整个土纺织内的图案主次分明、色彩鲜艳、配色考究，给人一种古朴、深厚的独特韵味。

土纺土织布

土纺土织方格布

（四）主要特点

产生自然经济状态下的魏县土纺土织，既是民众的生活必需品，又是寄托着人们的思想感情和美好向往的艺术品，集实用与审美于一体，具有浓郁的乡土气息。随着人们实际生活需要的改变，经过不断发展和完善，魏县土纺织逐渐成为民间艺术、手工技艺、情感、地域和时代性的完美统一，并突出了以其美观实用为主要内容的基本特色。

实用性

魏县土纺土织的创造目的是为了满足自身生活的需要，属于实用艺术。民众日常生活中的纺线织布、衣饰美都适应生活的需要，表现了自己的理想和心愿，是一种真诚、质朴、实际的生活创造。土纺织艺术的创造与现实生活紧密相连，最大限度地贴近人们的生产生活，甚至就是现实

土纺土织布

土纺土织方格布

魏县 织染

土纺土织方格布　　　　　　　　　　土纺土织条纹布

生活本身，而与以审美功能为主的艺术创造有着较大的不同。

土纺土织作为民间工艺所具有的实用性是多种多样的，它可满足人们生产劳动、日常生活、社会活动等许多领域。

白布在土纺织中应用的最广，它不仅用于日常生活，还应用于生产劳动和社会活动。改革开放之前，魏县人民穿的衣服都是用白布染成蓝、黑、灰等不同的颜色缝制的，因为农村大多忌讳穿白衣服的，只有在夏天时可以穿用白布做的衬衫和汗衫等，所以人们普遍的衣着都是蓝、黑、灰等颜色。比较穷的家庭，买不起染料，就用胶泥、杏树根、锅底灰、烟灰等原料染成黄、灰、深灰等颜色。日常生活中，白布除了做衣服以外，还用于做被子、褥子的里。关于白布在生产劳动时的具体应用，据魏县杜二庄村的王红礼老人讲：男人们在下地干活时一般穿白色或黄色的短裤。而在社会活动中，白布主要用于丧葬时候的衣着、礼品等。

二页缯和四页缯织出的条文、方格、花格等土布主要用于人们日常生活和社会生活中。日常生活中二页缯织出的条文、方格布，主要用于被面、褥面，比较穷的家庭也用于炕单。四页缯织出的花格，是土布中的上品，颜色、造型多样，主要用于床单或炕单。在社会活动中，二页缯和四页缯土布多用于农村，主要作为亲戚、朋友、邻居等办婚礼时的礼品。

民间土纺土织在满足自身生活需要的同时，又是社会活动中不可缺少的必需品，在满足物质需要的同时，也包含着满足人们精神生活的需要。虽然土纺土织在很多时候已经包含了审美因素，但它更多地强调的还是它

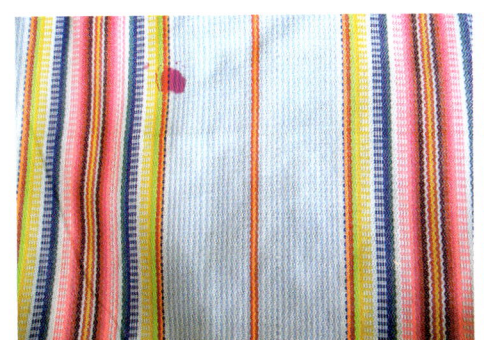 

土纺土织条纹布　　　　　　　　　土纺土织花格布

的实用功能，它的创作动机、创作形式多是为了遮体避寒的需要，具有极强的实用性。

地域性

魏县土纺土织作为民间纺织艺术中的一种形式，已有700年的历史，受文化观念、民族记忆和审美情趣的影响，它的色彩表现、制造工艺和制作工具无疑又与其他民族、地域内的土纺织艺术存在差异，具有自己的特性。魏县土纺土织作为非物质文化遗产的一种，是以艺术性和实用性的有机统一存在的，体现了特定民族、地域内的人民的独特的创造力。同时，它们间接表现出当地人民的思想、情感、审美的独特性，是难以模仿和再生的。

如魏县土纺土织的纹样以植物为最多，像胡椒花、五点梅、菜瓜道、石榴籽、黄瓜道、油菜绿等。而其他地区，如土家族的棉织品，叫做"打花铺盖"，"打花铺盖"上的纹样则以动物为最多，如杜鹃鸟、马匹花、猫脚印、狮子头等。在色彩的运用上，魏县土纺土织多用大红色、橙色、翠绿色、天蓝色、橘黄色等色彩比较鲜明的颜色，以白色作为调和色配在其间，给人鲜明灿烂、热烈而不火的感受。而土家族的"打花铺盖"注意原色与复色的互补，多用土红色、土黄色、红棕色以及红色，具有鲜艳中饱含沉着的感觉。此外，在很多少数民族的织锦中，我们经常会看见黑色的应用，如黎族、景颇族、傣族、哈尼族等，而在魏县土纺土织中基本没有黑色。这可能缘于在汉族的文化传统里，黑色代表死寂、停顿、冰冷、无尽。

魏县土纺土织中以植物纹样为题材的有"石榴籽"、"胡椒花"、"五点梅"等;以食物为题材的"豆腐块儿"、"菜瓜道"等;以用具为题材的有"筛子底"、"席子纹"等。这些素材经过魏县数代农家妇女在造型上的大胆取舍和丰富完善,便形成了具有浓郁特色的魏县土纺土织。

民间性

土纺土织的创造者和制作者是生活在社会最底层的人民群体。土纺土织作为他们生活、思想和社会活动的表现方式,无疑会表现出强烈的民间性、朴素性。土纺土织的产生是广大民众通过对自然界、同时也通过对社会有意识、有目的地改造创造出来的,这种创造是人的目、愿望、理想获得实现的过程,通过社会生活实践使主观的、客观的东西转化为客观实在的东西。这种创造和民众的日常生活紧密相连,这不仅表现在土纺土织的生产过程及其题材上,还表现在土纺土织制造工艺过程中所使用的工具也都来源于人们的日常生活中。

魏县农村有"男耕女织"的风俗习惯,成年妇女一年中大多数时间都在纺线织布,白天除了做家务就是纺线,有时晚上几个人聚在一起点灯纺到深夜。有些人点一根香放在纺车上,既是照明"灯具",又是计时"钟表"。土纺土织的制作受到农忙的限制,使得它的生产大多在农闲的春天和冬天进行。

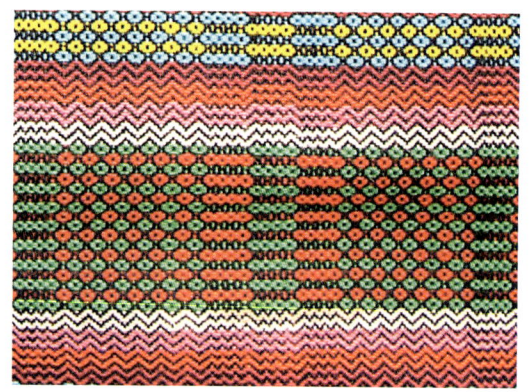

方格布"石榴籽"

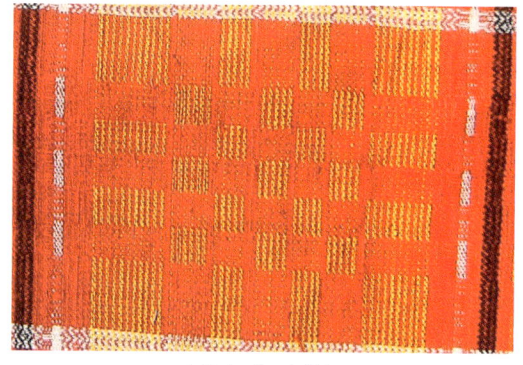

方格布"五点梅"

方格布"豆腐块"

条纹布"菜瓜道"

魏县土纺土织的单元纹样具有十分丰富的审美内涵，多取材于当地人民居住地的植物、食物、日常生活的工具等与人们生活息息相关的事物，突出地表现了他们的人文精神和民族风尚，表达了他们的意志、愿望和追求。土纺土织的纹样源自于生活，又摆脱了自然形态的束缚，追求一种强烈的形式美感。很多有具象名称的图案，却见不到具体的形象，有的甚至相去甚远。它们以具体形象为依据，经过夸张变形，虽然与自然具体形态相去甚远，却给人以丰富的联想，获得美的享受。魏县妇女们甚至把一些平时不为人们注意也缺乏美感，却与人们的生产生活有密切联系的用具——筛子的底、炕席等也作为土纺土织的图案的题材，这些题材一经魏县农家妇女的巧手搬上土纺土织，便都成了美妙的图案。

方格布"席子纹"

土纺土织方格布

从土纺土织的产生到今天，无论它的工艺技术和花样品种发生多么大的改变，他所使用的工具和材料依然是和人们的生活息息相关的物品，有时甚至是废物利用。我们在魏县李家口村考察时，看到经线杆上的经线圈除了铁丝弯成的以外，还有易拉罐上的拉环，农民们用线把拉环绑在经线杆上，既简易又省钱。在石辛寨考察时，看到纺车上稳定纺车锭的除了木板之外还有旧鞋的鞋底子。

除此之外，经线杆、经线镢大多数也是自家树上的树枝削成的，纺车、织机材料大部分也是出自自家的树木，即便有的工具是竹制或买来的，也是比较廉价的商品。

土纺土织作为人们日常生活的一部分，其所使用的纺织原料——棉花，也是农户自家种植，而不是到市场上买来的。土纺土织所用材料、工具具有朴素的特性。这也恰恰是土纺土织最珍贵、最独特的地方，也是土纺土织的本质所在。

时代性

传统的土纺织艺术的创造深受生活方式的制约,历史上以农耕为主的传统自然经济形式为土纺织艺术的创造提供了广阔的文化背景和基础。土纺织艺术及其文化创造与传统的农村社会生活方式具有强烈的一致性,二者不仅深受传统自然生态环境的影响和制约,而且民间艺术创造与生活方式受一定物质生产方式的影响,并随着物质生产方式的变化而变化。土纺土织的创作过程正是随着人们对事物理解的逐渐加深,由单纯发展到复杂,从低级发展到高级的。魏县土布的图案、色彩表现从发展的角度看,正是从单纯到复杂,从低级到高级的过程。它们不是绝对分开的,而是根据需要而变化的。

魏县土纺土织不仅包含了生活中实用的功能还包含了艺术上的美,这种美的形成和发展不能脱离人类社会的发展。在土纺土织产生之初,受生活环境和物质条件的制约,土布主要以白布为主,然后经过浆染形成单调而缺乏变化的黑色、蓝色或灰色等颜色。在以后的生产实践过程中,随着人们物质生活条件和审美理想的改变,色线逐渐出现在土纺织当中,制造工艺也在不断地进步和创新,从而织出富有美感的条文、方格、花格布。到了近代,魏

土纺土织方格布

造型多样的土纺土织布

县土纺土织不仅在花色品种上更为丰富，题材也更为广泛，胡椒花、梅花等本身具有美感的事物被引入土纺土织当中，这种审美心理、图式语汇变革充分说明了土纺织艺术标准的延续和发展，并与当时的社会发展相适应。

魏县土纺织所用织具的变化也体现了其与时俱进的发展特色。如经线用的经线橛，以前大都为木质的，现在出现铁质、钢质经线橛；经线杆以前多为竹制和实木（自家树枝砍成）的，随着科技的进步和发展，出现了复合的木质经线杆。经线圈（用于穿要经的线）以前最常见的是玻璃和玉质，其表面光滑，不易挂线；但成本较高，且线圈是全部封闭的，穿线时要从下往上一个一个地穿过来，比较费时、费力。现在，人们发现用铁丝弯成的铁圈有缺口，直接从缺口把线放进去，方便快捷。铁圈一端可以直接钉进木质经线杆里，不用线绑。线络子也有所改变，以前多为木质，由四个柱子和两个十字格花组成。现在多用纸质线络子，中空，呈圆锥状。织布时用的织布杼以前一般为竹制，现在出现了钢制的织布杼。

另一方面，从时代性来看，土纺织艺术具有与社会与现实生活重合的性质，"苏联大开花"和"苏联小开花"这两个土纺织花纹的名字，不禁使人们想起20世纪50年代中苏友好合作的那个历史时刻，而"苏联大开花"和"苏联小开花"正是那个时代产物。无论是实用性和时代性，土纺土织的产生、延续和发展都与社会发展和生存的背景相一致。

方格布"苏联小开花"

方格布"苏联大开花"

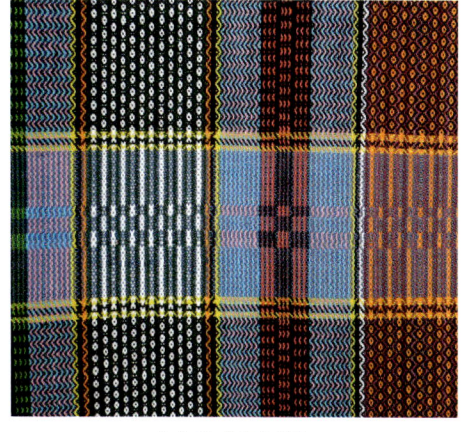

方格布"五点梅"

魏县手工花布的艺术特色

魏县民间蓝印花布和民间彩印花布统称民间传统手工花布，不仅是我国传统的印染工艺品，也是手纺、手织、手印、手染的民间技艺。蓝印花布以纯真、朴素、鲜明、和谐的蓝白之美而著称；彩印花布以色彩鲜艳、富丽、华贵而闻名。

内容寓意吉祥

魏县手工花布的题材内容大都是寓意吉祥的花卉果木和动物纹样，也有人物神祇题材和文字符号。如花卉果木中的牡丹、菊花、莲花、梅花、葫芦、葡萄、石榴、桃子等；动物中的鱼、喜鹊、狮子、凤凰、孔雀、麒麟、狸猫等；人物神祇有刘海；文字符号有福字、禧字、花瓶、如意、"卍"字纹等。这些在自然界中客观存在的事物经过民间艺人独特的艺术创作，赋予并秉承了某种吉祥寓意或内涵，如魏县手工花布的"凤戏牡丹"、"连年有余"、"鱼戏莲"、"福禄双全"、"喜上眉梢"、"麒麟送子"、"四季如春"等。在这些寓意吉祥的手工花布图案充分体现和表达了创作主体的思想愿望、理想追求和情感体验。这些图案内容健康、朴实，大都在民间长期流传，为广大农民熟悉和喜爱，特别是能使他们的思想感情引起共鸣，表达了广大农民对美好生活的追求与向往，也体现了他们的审美需求。

蓝印花布"平升三级"

蓝印花包袱布

蓝印花包袱布"鱼戏莲"

蓝印花包袱布"葫芦万代"

蓝印花包袱布"榴传百子"

蓝印花包袱布"喜上眉梢"

彩印花包袱布"连(莲)年有余(鱼)"

彩印花包袱布"凤凰牡丹"

纹样自然写实

魏县手工花布的纹样构成，因受到工艺的制约，所刻的花形要受到断刀的影响。民间艺人在保证花版结实耐用的同时，又要顾及到所刻花纹的形象特征，也因为如此他们创造出了纹样组合粗犷而不呆板、多而不繁，给人以美的享受的手工花布。魏县花布艺人们巧妙地运用了大胆而夸张的手法，自然写实，描绘大众所喜爱的吉祥如意的纹样，创造出许多淳朴稚拙、丰富多彩的花草树木、飞禽走兽、民间神话故事等艺术形象。

蓝印花布在纹样造型上，用点、线、面交错组合，图案大都粗犷有力。彩印花布用蓝、绿、红相互映衬显得富丽堂皇、丰富多彩。魏县手工花布纹样的点经过密集处理从而形成虚线、虚面，进而达到笔断意连的艺术效果，并富有动感。在这里，民间艺人把自然形象通过高度提炼、概括、规律化的加工整理，使花纹反映自然，又不受自然束缚的艺术形象，充分体现了民间艺人高度的艺术概括能力和表现能力。

蓝印花包袱布"蝶恋花"

蓝印花包袱布"凤凰牡丹"

魏县织染的艺术特征及应用 ◎ 93

蓝印花布门帘
"刘海戏蟾"

彩印花包被布

彩印花包袱布"鸳鸯戏水"

彩印花包袱布"蝶恋花"

彩印花包袱布"凤凰牡丹"

彩印花包袱布

图案饱满对称

蓝印花布"吉庆有余"

魏县手工花布，均出自不知名的农民艺术家、广大群众之手。这些作品，以折枝、散花、团花、花草动物为主要内容，通常采用的构图方式有二方连续、四方连续以及单独纹样等多种形式，对于被面、包袱布、方巾等花布类型则采用框式结构与中心纹样组合形式进行定位设计。总之是构图饱满、造型生动、纹饰对称，浑厚中有细腻、纤巧里带着纯朴。符合中国人传统的审美观与完美情结。

蓝印花布"凤凰牡丹"

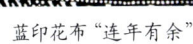
蓝印花布"连年有余"

蓝印花布"凤凰牡丹"

彩印花包袱布"花篮"

彩印花包袱布"凤凰牡丹"

彩印花包袱布"蝶恋花"

二 魏县织染的应用与禁忌

（一）魏县织染的应用与禁忌

日常生活中的土纺土织

土纺土织的产生是为了满足人民日常生活中穿衣、御寒等的需要，它的创造动机、样式及存在形态与民众生活方式是难以分开的。在中国传统社会里，衣着方式的含义远不止于遮体避寒，而是有着多重的社会文化意义。在阶级社会，服饰的造型、色彩、质地等都是统治阶级权势、地位、财富的象征。达官贵人的衣服鞋帽穷极华丽，至于大多数普通百姓则仅仅布衣素服。一般农家用普遍种植的棉花自行纺织而成的土布，因其资源广泛，不仅制作成本低，且耐磨、舒适、实用，长期以来广泛应用。

镶边短袄

魏县人民的日常衣着主要是依自家的经济能力和社会身份选择质料。一般农家往往是男耕女织、衣食自给，人们的穿衣问题往往依靠家庭小手工业，在自己家庭之内就能解决。《魏县志》载：清末民国初年，富家男子穿长袍、外套绸缎马褂；夫人、小姐穿旗袍，颜色多种。一般农户穿土布，男子穿灰、蓝、黑棉袄，夏穿土黄或白色短裤、汗衫；妇女冬穿青、蓝、红、绿带襟袄，夏穿布汗衫。新中国成立前，县内居民多穿白布土袜子。这些都是土纺土织在服饰上的具体应用。

魏县土纺土织中的花纹、方格布也是县内居民日常生活的必需品，它的工艺、颜色也反映了人们贫富及实用性的差别。简单的二页缯的条纹、方格等土布一般用在褥单、被面；复杂的四页综主要用于大面上平时能看到的床单。

婚丧嫁娶中的土纺土织

土纺土织是魏县民众居家过日子的必需品，也是民俗文化的载体。结婚是人生中一件极为重要的事情。在魏县，从事土纺土织的多是农村妇女，每当开始为儿女筹备婚礼的时候，也是母亲最为忙碌的时刻。筹备婚礼用布的过程是一个缓慢的劳作过程，一个充满期待的过程。从某种角度上讲，身着此布的意义在于将身体完全包裹在一种希望与祝福之中，完全地包裹在时间与空间的交织之中。据考察，在魏县，闺女出嫁时，家里都会用土布作为陪嫁礼品，而且一定要送双数，有成双成对之意。一般情况下会送二铺（褥子）、二盖（被子），四铺、四盖；比较富裕的家庭有时会送六铺、六盖，八铺、八盖。被面多用方格布，褥单一般是条纹布；褥里、被里是不经过任何加工处理的白土布。三页综、四页综织出来的花纹布，是土布中的上品，织造工艺复杂，费时费力，所以它多用于炕单或床单。在魏县考察时，碰巧漳河村纺织艺人常章芹的女儿要出嫁，她正在为闺女准备陪送的礼品。我们提出要欣赏一下她为女儿准备的嫁妆，她非常高兴地拿出了已经织好的两个褥单，是菜瓜道和胡椒眼儿结合在一起的条纹布。当问她送的土布花纹有没有特定的含义时，她说："没有什么特殊的含义，送的都是自己认为最好的（礼物）"。朴实的一句话，道出了母亲对女儿无限的爱和祝福。

丧葬同样也是人生重要的环节，丧礼也是人生最后礼仪。在中国传统文化中，白色代表冷却、萧飒，预示着死亡。自古以来亲人死后家属要披麻戴孝（穿白色孝服）办"白事"，要设白色灵堂，出殡时要打

土纺土织方格布

土纺土织方格布

织布

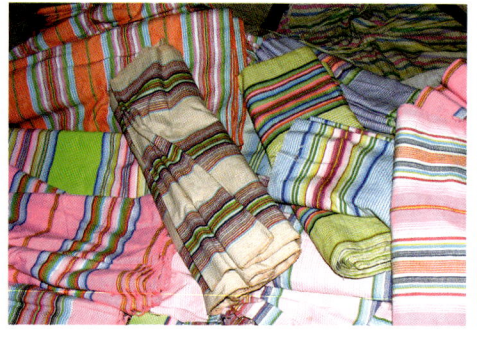
造型多样的土纺土织布

土纺土织方格布

土纺土织方格布

土纺土织方格布

白幡等。在魏县，亲人去世时，晚辈都要穿上用白土布做成的孝衣、戴白土布缝制的孝帽，表示对死者的尊敬和哀悼，而乡亲们则会送上自家的白土布作为礼品。

魏县土纺土织的禁忌

俗话说三百六十行，行行都有自己的祖师做保护神。如建筑业的木工泥瓦匠的祖师鲁班、医药行业的药王等。魏县的土纺织业也有自己的保护神——"织布公"。据魏县杜二庄村的王红礼老人讲："织布公"为女性，春节时供奉，平时不供。随着社会的发展，从事土纺织的妇女越来越少，到了现在，人们已经不再供奉"织布公"了。

土纺土织作为广大妇女集体的发明创造，在发展过程中渐渐和女性的勤劳与否联系在一起。在这种情况下，土纺织质量的好坏、数量的多少和技术的高低已经成为衡量年轻女性勤劳智慧与否的标准，渐渐地形成了这样的习俗——土纺织的织造必须在一个月内完成，忌讳隔月。如果所有的工序都准备完毕，要织布的时候正巧在一个月的下旬，而在短时间内又织不完，那么这个月是不会蹬机织布的，要等到下个月月初。

当布要织完准备络机的时候，织布的人必须一口气织完，不能下机，也不能换人。笔者到魏县杜二庄村王朋家采访时，碰巧她在织布，看着她在不断投梭脚踏之后，就织出好看的方格布，在好奇心的驱使下，提出要上机织两下，这时旁边的一位大姐拦住了我，说快要络机了，这时是不能换其他人的，她自己也不能下机，否则人死后合不拢嘴。

土纺土织在历代魏县妇女生产实践和传承的过程中，逐渐形成了约定俗成的禁忌习俗。随着时间的流转，有些禁忌已经难以确定其具体根源。但无论怎样，禁忌是顺应历史和人们生存心理的要求而出现的，并内化为一种文化，代代相传，满足了人们精神上的需求。

2009年5月1日，魏县蓝印花布作品走上中原民间艺术节舞台

（二）魏县手工花布的用途

背包

　　魏县蓝印花布和彩印花布是魏县人民日常生活中必不可少的日用品，这些图案朴实、寓意吉祥的手工花布，表达了广大农民对美好生活的追求，同时也体现了他们的审美需求。在魏县，手工花布不仅是广大民众的日用品，还是他们的精神寄托。虽然他们处于社会底层，而且大多数民众不识字，但他们依旧对生活充满着信心和希望，向往着美好的姻缘、多子多福（如石榴和桃子组合在一起，意在比喻多子、多寿），向往着状元及第（鲤鱼跳龙门祝福学业、事业有成）、福寿双全（如以蝙蝠和寿字组成的"五福捧寿"，以喜鹊登梅造型构成的"喜上眉梢"等），把一生美好的愿望通过花布上的纹样传递表达出来。

织带

　　魏县蓝印花布大多用来做床单、褥面、围裙、门帘。近年来，由于国内民众经济生活水平提高，久违了的各种民间工艺品又出现在人们的面前，并受到民众的喜爱。2006年以来，魏县蓝印花布和彩印花布在恢复传统印染工艺的基础上，在蓝花布的用途上也有所创新，开发设计出一些新的产品种类，如肚兜、包、服饰等。在魏县，不管是常见的床单、褥面，还是罕见的肚兜、服饰，纹样图案大都是以寓意吉祥、象征美好愿望的题材构成。在习惯上，魏县民众多选择寓意吉祥花卉果木和动物纹样来做褥面、床单等；选择人物神祇题材和文字符号做门帘、围裙等。彩印花布则多用于头巾和包袱皮。

蓝印花布门帘

蓝印花布包

彩印花布靠垫

魏　县　织　染
WEIXIANZHIRAN

魏县织染的现状与发展

在全球工业化进程的影响下，魏县土纺土织正逐步淡出人们的生活，面临消失的危险。如何发展和振兴传统民间工艺，保护濒临消亡的文化也成了当地人民和政府亟待研究的课题。目前，在政府的支持和专家学者的关心帮助下，在民间印染专业人士的努力和推动下，魏县传统手工花布又焕发出新的活力。

一　魏县土纺土织的现状与发展

　　魏县土纺土织是中华民族几百年来民众创造的宝贵财富，是劳动妇女智慧的结晶。但在21世纪的今天，在全球工业化进程的影响下，土纺土织正逐步淡出人们的生活，面临着消失的危机，也许将成为我们中华民族民间手工艺永远的记忆。

经线

印布

织布

　　从起源上来讲，土纺土织是属于农耕文明的，但我们现在面对的社会却是全球工业化的时代，在全球化和现代化的处境下，工业化进程快速发展，农耕文明已趋于瓦解，作为农业生活品的土纺土织渐渐沦为消亡之物。经济全球化对民族文化的冲击，造成了一种相当普遍的倾向，认为过去的文化是落后的文化，只有现代的文化才是有价值的先进文化，尤其是在广大青少年中几乎成为共识。作为民间文化形式之一的土纺土织，它和现代人的生活日益脱节，根植培育它的是广大劳动人民的日常生活、习俗，一旦离开了养育它、滋润它的土壤，土纺土织将会逐渐成为与历史记忆相连的收藏品和文化遗产。

　　从1983年起，在全球经济化、工业化的影响下，魏县开始出现机器纺线厂，大部分农民开始直接从纺线厂买线，改手纺手织为机纺手织，以至于手摇纺车都闲置起来。到1999年,又增加了李家口村郭焕发、郭焕永等三家经线、卖线专业户,初步形成了机纺手织工序。

2007年11月29日,我们到魏县考察土纺土织,在漳河村采访土纺织传承人常章芹时,她对我们说:"由于手纺线比机纺线粗(也能纺得比较细,但费时较长,也需要经验和技术),织出来的布没机纺线织的布细密,而且比较硬,大部分买家都不要手纺线织出来的布,销路不好,所以几乎没人再纺线了,纺车都闲置起来不再使用,我也很久没有纺线了。"

既然手纺线都没有了,相应地,搓花节这道纺线之前必备的工序当然也就不存在了。随之而来的,打线、染线、浆线、络线这几道工序在魏县的土纺土织当中也荡然无存了,有的只是存活在传承人的记忆里。

过去纺线织布的主要目的是解决衣着之需。旧时,广大劳动人民身上穿的衣服,床上用的床单、被褥、包袱,闺女嫁妆都是自家的纺织布。在现代化进程中,人们的文化、生活方式、价值观念发生了剧烈的变化,人们已不再穿自家纺线织布的粗布衣服。在这种情况下,伴随中国人度过漫长文明岁月的传统技艺,在渐渐淡出我们的生活,消失在我们的记忆中。虽然从20世纪90年代起,人们重新认识到棉布吸汗保暖、无毒保健的优点,穿用棉布在农村、城市重新兴起。但是,由于受到土纺土织本身花色、纹理等的限制,其销售绝大部分都只是在邯郸乃至河北省境内,不能形成一定的市场规模,这也导致了大部分农民放弃织布,而从事其他行业。魏县县政府、县文化体育局2005年普查结果是全县100多个村有大约3000户在从事土纺织的制作,到2007年年底已经剩下1000户左右了。

土纺土织的传承基本上是以"口传心授"的方式延续的,这就打上了鲜明的民族、家族的烙印,传承人主要是与被传承人有亲密关系者,所以土纺土织的传承就会受到社会、经济文化以及个体的变迁的制约。在日益现代化的今天,人们生活观念的改变,尤其是青年人不愿再去学。而且,纺织是妇女的主要发明,长期以来主要是由妇女操持纺织,所以土纺土织的承载者是广大的农村妇女,她们是传承的主体,这就在很大程度上限制了土纺土织的传承。现在操机织布的大部分是上了年纪的妇女,艺人年龄老化、许多老艺人相继去世,农村年轻妇女不再学习纺线织布,魏县土纺土织技艺面临着失传和灭绝的威胁。

2007年12月通过对魏县土纺土织的实地考察,考察结果的确令人担忧。

(1) 李家口村郭焕发、张爱芳夫妇家是专门从事土纺土织的作坊式农户,目

织布

老艺人罗功

前,张爱芳已经不再纺线织布,而是从附近的机纺线工厂直接买进纺好的机纺线,经好后雇人织布,回收成品布卖。据郭焕发讲,2005年以前,在他家织布的就有三十个村的一百多户,他家院子里也挤满了织布的人,而现在给他家织布的农户剩下十五个村八十户左右。

(2) 杜二庄村几乎家家都有织布机,以前人们都织布,随着经济的发展,人们不再穿用土布,大部分农户也不再织布,织布机闲置起来,成了家里的摆设。现在,全村只有三家还在织布,但已不是自织自用,都是从李家口村郭焕发家买机纺线,织好后再卖给郭焕发,以获得报酬填补家用。

(3) 石辛寨村会纺线织布的王秀云、徐兰芳两位纺织传承人分别为77岁和86岁高龄,已不能再从事纺线织布,她们的技艺面临着失传的危险。而现在会织布的妇女一般都在40岁以上,而且50岁以上的占大多数,年轻人已不再学习土纺土织技艺。

通过以上考察显示,虽然还有不少农户在从事织布,但已经不是原有意义上的土纺土织了,纺车正在渐渐地退出纺织的舞台,成为挂在墙上、搁在屋角的装饰品。再加上会土纺土织的艺人面临老龄化的危机,人亡艺绝的局面已经成为不争的事实。

如何发展和振兴传统文化,这不仅是中国也是所有发展中国家共同面临的课题。在现代化的浪潮中,土纺土织作为农耕文明的产物,在现阶段如何持续发展下去，也成为魏县土纺土织保护的一大问题。

魏县土纺土织受其地域、文化的影响而形成了自己独特的发展规律和发展模式，所以土纺土织应该因地制宜，按其自身发展规律发展，发挥它的特性和优势。所以我们发展、振兴土纺土织要与时俱进、不断创新、开拓市场、改变原来单一的生产、销售模式，探索新的生产、销售方式，开发适合人类文化发展需要、符合人类审美要求的艺术用品，同时突出个体风格和艺术文化。而固守传统、逃避市场只会使土纺土织无法持续发展下去，艺人们继续锐意进取、开拓创新，才能呈现发展、振兴的大好局面，同时也为技艺传承提供坚实的保障。任何艺术都是在创新中生存和发展的。

面对魏县土纺土织生存、保护和发展遇到的新的情况和问题，2005年，在魏县县委、县政府的大力支持下，经魏县文化局批准，成立了"魏县花布手工技艺"研保所，魏县县政府、文化体育局等单位也开始了对土纺土织技艺的调查、挖掘、抢救等工作，并建立相应的负责管理机制，制定了五年保护计划，同时回收农民的土织布，对魏县土纺土织的保护做出了很大的贡献。

2006年魏县土纺土织入选河北省首批非物质文化遗产保护名录，这对土纺土织来说是值得庆幸的一件事，但另一方面土纺土织的入选也说明了它正面临成为遗产

老艺人王蓝香

老艺人王秀云

记忆的危险,如果不及时采取有效的保护措施,投入相应的人力、物力、财力,对土纺土织进行正确保护和开发利用,它将面临消亡的危机。

二 魏县手工花布的现状与发展

魏县手工花布技艺是先辈人留给我们的宝贵文化遗产,它是古代花布印染技艺的活化石,在华北地区具有一定的代表性。和土纺土织一样,魏县手工花布技艺也是农耕文明的产物。在现代化的今天,机器工业像潮水般席卷全球,再加上印染一块传统手工花布从制作到完成要花费半天甚至更长的时间,以至人们都不愿再学,目前魏县印花艺人已为数不多,且老龄化严重,魏县传统手工花布同样面临失传的危机。

印花版

木质彩印花版

印花版

魏县织染

蓝印花布

蓝印花布"龙凤呈祥"

彩印花包袱布

面对如此严峻的情况，对传统手工技艺一向都很热衷的魏县文化馆馆长霍连文开始拜师学艺，学习蓝印、彩印技艺。2005年以来魏县非物质文化遗产保护中心对全县的原印染作坊进行了普查，并专程到原印花版的主要产地衡水、枣强县走访调查。在普查中，霍连文征集到一些蓝印、彩印花布面料和旧印花版。它们的图案花纹各异，年代不同，色质有别，他深深地感到，每一块面料都有一段历史，有着重要的研究价值，是一笔宝贵的文化遗产。他便有了搜集蓝印、彩印花布的想法，并立即开始行动。在这个过程中，他了解到仍有少数人家保留着传统印花版等全套器具，还能恢复印染技艺，于是，他在掌握了传统印染技艺的关键工序的技术要点之后，开始自己动手印制手工花布，并在传统手工花布技艺的基础上，设计出新的花版，对手工花布的设计、刻板、印染都有一定的研究和创新，并采用电脑设计与手工刻板相结合，制版细腻，套版准确，所印花布色彩鲜艳、丰富、多样。印染出一些围裙、沙发坐垫等。没有经费，他自筹资金，利用星期天、节假日，到农村收购；并用托人代购等办法，在全县，进而在全市范围内大量收购旧的蓝印和彩印花布等作品，并产生筹建魏县手工花布收藏馆的念头。到2007年9月上旬，他已经投资十多万元，收购各个时期的蓝印及彩印花布、印花版、民间刺绣、童帽饰品8000多件，其中90%以上为明、清时期流传下来的传统图案，收集旧印花版100多块。

国家非物质文化遗产证牌

2009年6月13~19日，在中国文化遗产日期间，魏县彩印花布技艺演示深受人民的喜爱

2006年以来，魏县蓝印花布不仅恢复了传统印染工艺，彩印花布也在传统工艺的基础上应用了现代材料，手工花布藏品及产品频频出现在省、市乃至全国文化遗产和美术展览会上。

2007年6月，魏县花布手工技艺列入河北省第二批省级非物质文化遗产名录。2008年河北魏县传统棉纺织技艺列入国家级非物质文化遗产名录。2007年9月20日，魏县举行"魏县土纺土织印染手工技艺保护与传承

收藏作品展示

现场演示传统印染技艺

专家论坛"之际,"魏县土纺土织印染花布收藏馆"正式开馆,并对所征集作品进行了集中展示,同时对传统印染技艺进行了现场演示。目前,在魏县印染手工艺越来越受到社会各界的重视。2008年,作为中国民间工艺美术协会会员的霍连文创新设计的"合裕"牌蓝印花布多种产品及藏品被国家博物馆收藏。2008年11月,他应邀参加"北京第五届国际纤维双年展",荣获特别奖。2009年3月,他又创立了"东方蓝印花布艺术馆"。

"魏县土纺土织印染花布收藏馆"挂牌

"魏县土纺土织印染手工技艺保护与传承"专家论坛合影

魏县传统手工花布技艺是先人留给我们的宝贵文化遗产，在华北地区具有一定的代表性。魏县传统手工花布技艺的发掘、抢救和保护，对于研究我国古代印染史、民族风俗都具有独特的学术价值。随着社会的进步时代的发展，国民收入和国民素质的不断提高，在政府的大力支持和专家学者的关心帮助下，再加上民间印染专业人员的努力和研究人员的不断探索，相信魏县传统手工花布这一民间工艺会越来越显示出它的独特魅力。

蓝印花布靠垫

蓝印花布靠垫

蓝印花布桌旗

彩印花布床旗

蓝印花布服装

蓝印花布小包

彩印花布老虎

背包

织带

三 魏县周边地区织染的现状与发展

（一）威县土布纺织

威县位于河北省东南部的冀南平原上，属河北省邢台市。威县历史悠久，古为燕赵之地，曾经为郡、州，明洪武二年（1369年），威州降为县，始称威县。威县辖16个乡镇，522个行政村，人口57万人，总面积1012平方公里，常年种植棉花在80万亩左右，是河北省第一植棉大县、全国优质棉基地。

威县土布纺织技艺形成于元末明初，距今已有700余年的历史，其传承方式为口传心授，无确切文字记录，主要是世代相传。由于土布纺织与农民生活息息相关，改革开放以前受自给自足观念的影响，土布纺织通过家传，相互帮助借鉴，其技术广为普及。

威县土布纺织技艺非常繁杂，分多道工序，主要有搓花节、纺线、打线、浆线、染线、络线、掏缯、闯杼、绑机、织布等，并能够根据需求织出平纹布和斜纹布。威县土布图案内容丰富，有方格布、条纹布、汉字布和花鸟鱼虫布。方格布又分斗式方格布、竹节式方格和水纹方格布。条纹布可根据经线的颜色分为多种不同条纹布。汉字布可分为王字布、土字布、工字布、双喜字布等。

威县土布纺织技艺是劳动人民长年实践和智慧的结晶。它保留发展了中国传统的纺织技术，承载了自元末明初以来各个时期的科技、艺术、民俗、信仰等传统文化信息，具有较高的历史文化价值，对研究中国纺织技术的发展有着重要作用。

受现代纺织印染技术的影响，威县土布纺织渐渐被

纺线

织布

冷落，曾一度销声匿迹。近年来，返璞归真成为时尚，土布以天然原料，对人体无害而愈来愈受到人们青睐。威县常屯乡东王目村农民高庆海、陈爱国夫妇瞄准这一商机，成立了威县老纺车粗布制品有限公司，生产经营起土布制品。作为土布纺织技艺的保护单位，该公司正在谋划建设土布纺织博物馆。

威县土布

（二）高阳民间染织工艺

高阳县地处华北平原，位于河北省保定市东南部。北靠华北明珠白洋淀，与安新交界，西与清苑毗邻，南与蠡县、肃宁接壤，东与河间、任丘相接。总面积472平方公里，农业人口27.4万。

"高阳民间染织工艺"是高阳县及其周围区域流行的著名民间手工技艺活动，是民间非物质文化遗产的典型代表。"高阳民间染织工艺"具有四百年以上的历史，形成了自己一整套纺、染、整工艺流程。其产品具有鲜明的民族民间艺术特色和实用价值。特别是在20世纪30年代，用"高阳民间染织工艺"技术生产的纺织品曾占华北地区纺织业产量的三分之一，当时高阳的全和染厂、蚨丰厂、恩记工厂和合记工厂被称为高阳印染业的四大名厂，产品曾出口世界各地二十多个国家和地区。新中国成立后，甚至在"文化大革命"时期，高阳民间染织工艺仍保持了自己完整的生产工艺和产品出口。

作为中华民族传统纺织工艺的重要组

高阳民间染织技艺、工艺传人

高阳全和机器织染工厂所用商品标签

成部分,高阳民间手工染织技艺的发展与时代同步,不断吸收、融合外来纺织工艺而形成了种类繁多的工艺技术,目前具有代表性的工艺技术可分为四大类十余个小项。四大类即纺、染、织、整,十余个小项包括土布印花、土轧光技术、扔梭织布、提花楼子织布、土漂染技术等。

"高阳民间染织工艺"在中国纺织史和中国近代史上均占有一定地位,并具有重大的科学价值和实用价值。"高阳民间染织工艺"世代传承,每代均有特殊技艺的代表性传承人物。发掘、抢救、保护高阳民间染织工艺技术,对高阳甚至全国的传统纺织业的发展,对当地经济和精神文明建设都具有重大的现实意义。同时,对丰富人民群众文化生活,提高人民群众素质,促进构建设社会主义和谐社会,都将产生重要的促进作用。

(三)沙河豆面印花和四匹缯布

沙河豆面印花技艺

沙河豆面印花技艺

沙河市位于河北省西南部,太行山东麓,属邢台市。全市总面积900多平方公里,总人口48万。地势西高东低,山区、丘陵、平原各占三分之一。据《沙河县志》载,隋开皇十六年(596年)析龙冈县(今邢台县)南境置沙河县,以境内横贯东西的大沙河而得名。据《元和郡县志》称"以沙河在县南五里,因以为名"。1987年2月,经国务院批准撤县设市。

沙河豆面印花工艺的存在地主要是沙河市城北街。自明末的第一代传人胡耕成从南方学来,在沙河城开办了"全兴号"印染作坊传承发展至今,已有近三百年历史。

豆面印花的主要原料是:靛、本地产的优质大豆面粉、太行山烧制的优质石灰粉及冀南一带产的土白布和机织白布。其印染工序是:先将白布用清水洗去浆粉,晾干后,用烙铁熨平;将白布铺在木案上,再用图板铺在白布上,用豆面和石灰粉混合的涂料印花;当印花完成后,再将其印好画的布料晾干,然后下染缸印染,出缸后再晾干,用刮刀除去豆面即可。

沙河城北街的豆面印花布的主要品种有被子面、褥子面、门帘、围裙、头巾及花布料等。特别是沙河城北街"全兴号"印染作坊的作品，以花样繁多、图案秀丽雅典、不退色而著称，可谓是沙河一绝。1982年，沙河城北街村印制的"凤凰戏牡丹"被面、"麒麟送子"褥子面、"狮子滚绣球"门帘和"喜上梅梢"围裙等制品曾被送到省会、首都以及国外展出，受到专家们的好评。

沙河四匹缯布是十里亭镇及孔庄一带广泛流行的一种民间织造的土布。它的制造过程非常原始，全部由手工制成，它由多种颜色的经纬线织成不同图案，常见图案有20余种。因它在制造过程中使用四匹缯来分辨经线的格式，故称四匹缯。作为典型的民间手工艺，曾代表河北省参加了在日本举办的亚洲地区民间美术展。

沙河豆面印花作品

四匹缯布的传统制作流程步骤为：棉纤维梳理、搓卷、纺穗子、拐卷、水煮、染线、络线、绞线等，所用器具为轧花机、弹花机、纺花车、拐子、轮车、绞绞、络子、织布机、经布绳、经布棍、缯、梭。

四匹缯布图案色彩艳丽多样，"大小点"、"枣花"、"疙瘩眼"应有尽有。还有"宝莲灯"、"石榴大开花"、"仙女散花"、"蚂蚁上山"等具有故事内容的制品。可做成衣服、被褥面、沙发套、毛巾、枕巾、围裙等。

织布

（四）肥乡县织字土布

肥乡县位于河北省南部，地处晋、冀、鲁、豫四省交界，区位优势得天独厚，交通便利，资源丰富。总面积502平方公里，人口31.2万人，素有"华北粮仓、冀南棉海"之称。东与广平县交界，南与成安县相连，西与邯郸县接壤，北与永年、曲周二县毗邻。

肥乡县织字土布分布在旧店乡张庄村，织字土布的前身是手工土织布。随着棉花种植的传入，13世纪末手工棉纺织技术已在全国广泛传播。在明清和新中国成立初

魏县织染

期，民间纺织技术十分发达，张庄村的人们在生产实践中除了织出"福、囍"单个字体外，还能织"蝴蝶、灯笼"等图案，逐渐演变成织字土布，该村织字土布的起始已无从考证。

肥乡县旧店乡张庄村，土织布和织字土布一直没有间断，1970年由该村书法教师栗慎行提议，在原有的"福、囍"等图案的基础上开始织栗老师书写的毛泽东诗词。随着人们审美观念的提升，现在他们织的字体、图案用于室内装饰、手工艺品，把传统的手织布上升到艺术审美的高度。

织字土布是一种抽象化的艺术，它把书法样模贴在织布机卷布轴下，透过经线看到字体样模，按字体串梭，便可织出相应的字了。肥乡县的织字土布技艺自古都是口传心授，母传女受或婆传媳受，在千百年的实践中已形成具有本地特色的织字土布技艺程序。织字土布从采棉纺线到上织布机，经纺线、拐线、浆线、络线、经线、刷线、印线、掏缯、闯杼、上机、贴字模等工序才能织出相应的字体。肥乡县织字土布的图案丰富多彩，既有规则图案——胡椒花、斜纹、鱼眼、许状元拜塔、洋鬼子钻山、四把椅子转方桌、水波纹等，也有不规则图案——灯笼、蝴蝶等，而且还能织出隶书、楷书、行书、草书。

在仅存的织字土布艺人中，59岁的李香荣，45岁的刘运娥，50岁的郑运香，都是从13岁左右开始学习织布技术，经过多年的纺织实践，能织出多种字体、图案，只要给他们字体样模，都能惟妙惟肖地织出来。目前，她们经常自织自用土织布、床上用品、沙发巾、门帘等。

肥乡县织字土布

织布

20世纪60年代后,由于机器纺织业的发展,土布生产渐渐被冷落。目前,肥乡县张庄村仅有十余人从事织字土布,但他们都是五十岁左右,现在年轻妇女不再学习织布,这一切都使这一优秀民间艺术面临失传。

(五)鸡泽民间织字土布

鸡泽县位于河北省南部,属邯郸市,西北距省会石家庄市162公里,西南距邯郸市65公里,西临京广线,东靠京九线,北与邢临高速公路仅3公里。总面积337平方公里,人口24.9万人。

鸡泽民间土布是纯棉手工提花纺织品,群众称之为"粗布",种类有"二匹缯"、"四匹缯"、"提花抖纹"、"核桃纹子"、"洋鬼子钻山"、"一条大路通北京"、"五架山"、"七架山"、"大斜纹"、"小斜纹"、"石榴大开花"、"枣花儿"、"土布图案"、"土布对联"等。

它用古老的织染法纺织而成。土布工艺历史悠久,到20世纪70年代,鸡泽农村的家庭纺织业达到了兴盛时期,全县拥有土布织布机3万余台,在农闲时节从事纺织的农村妇女达5万余人。村庄里几乎每家都有一台织布机,每户就有两三架纺棉车,每家每户都能独立进行纺、染、浆、经、涮、织等全套工序。这一时期,人们在纺织工艺上进行了研究、改革和发展,生产出许多织染工艺精细的产品,其中有"土布词语"、"土布对联"、"豆面花布"、"印染花布"等产品,多为农家女结婚自用。随着商品化、机械化时代的到来,土布工艺受到现代纺织的冲击趋于沉寂。

近年来,随着人们生活水平的不断提高,对土布又有了新的认识,土布制作的各类产品,由于用起来健康、舒适,价位较高,使得农村又有一批妇女在农闲时进行纺纱、织

鸡泽彩印花包袱布

鸡泽织字土布

布，继承和发展了这一流传千年的土布工艺。

（六）山东鄄城鲁锦

山东鄄城县位于山东省西南部，西北两面跨黄河与河南省毗邻，总面积1032平方公里。鄄城是国家级生态示范区，全国粮食生产基地县。

鄄城历史文化底蕴深厚，上古属"颛顼之墟"，西汉初置县，周时为卫国之鄄邑而得名。境内现存有尧王墓、孙膑墓、苏御史牌坊、舜耕历山等古迹遗址，砖塑、商羊舞、鲁锦被列为国家级非物质遗产。

鲁锦是鲁西南民间织锦的代表。鲁锦产品全部由农家土布制作而成。土布在中国源远流长，在孔子故乡、曾子故里已有5000年的历史，是中国古代服饰文化的典范。有文字和汉画像石记载，早在2000多年前，生长在嘉祥的农家妇女就擅长纺线织布，到汉代"齐纨鲁缟"，棉麻丝葛的工艺遍及各地。清代更为盛行。

鲁锦的纺织技术不断改进，织布由早期的两匹缯，发展到四匹缯、六匹缯，从一把梭、两把梭发展到13把梭。创造出种种形象逼真的锦纹图案，有人物、动物、文字和各种花卉。织锦能手熟练地掌握了上千种鲁锦的染织技术。

富有民族特色、乡土风韵的鲁锦，没有被现代化纺织品淘汰，而是作为一种艺术生活品顽强地生存下来，形成了规模效益，并在挖掘整理土布的基础上，融合了当代先进的生物纯天然染整技术，弘扬了中国古代服饰文化。随着社会的发展和时代的进步，从展览到展销，并进入现代生活，走向了世界。

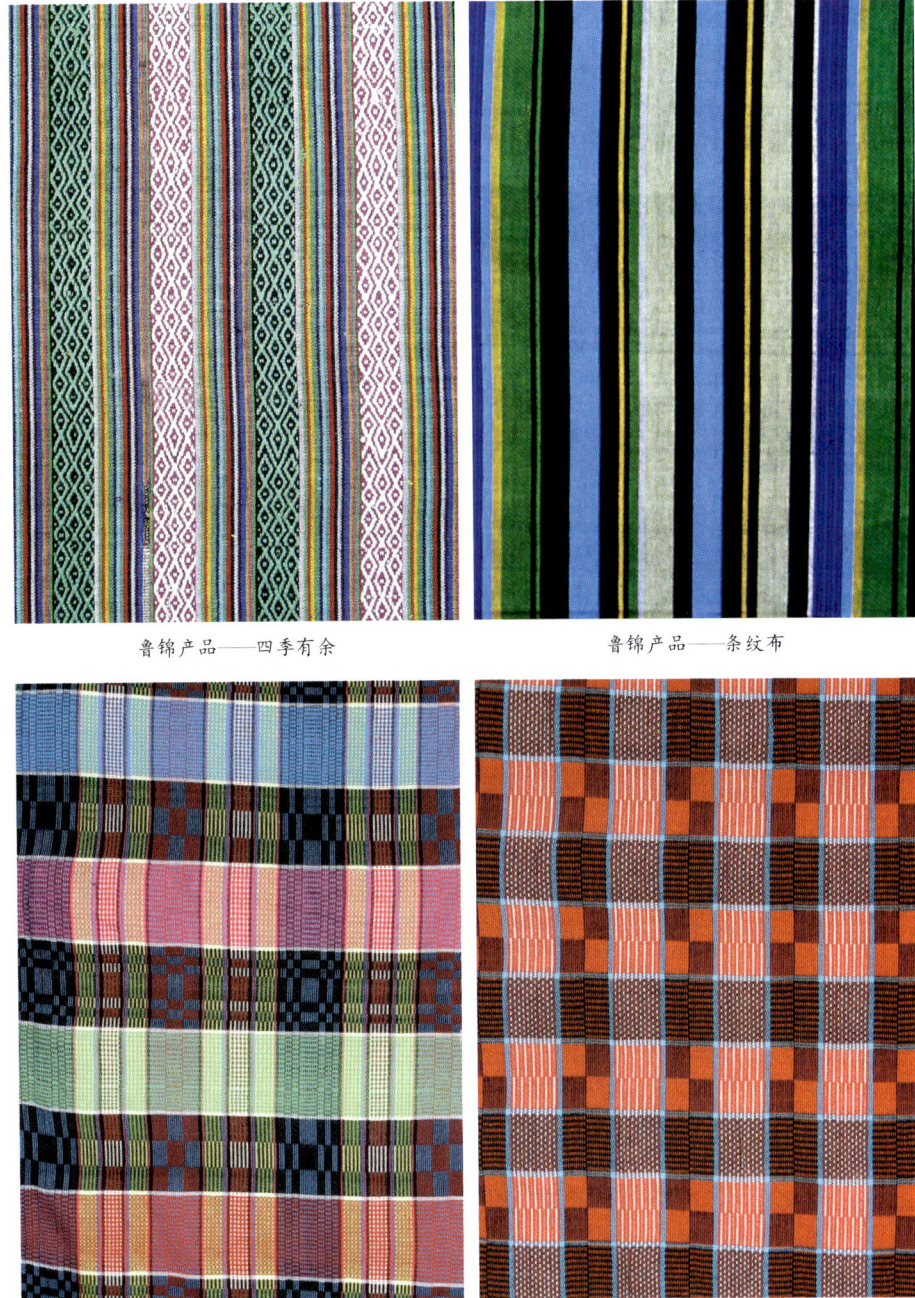

鲁锦产品——四季有余　　　　　　鲁锦产品——条纹布

鲁锦产品——方格布　　　　　　鲁锦产品——方格布

鲁锦产品

鲁锦产品

鲁锦彩棉绣花五件套

参考书目

1. 中国近代纺织史编委会：《中国近代纺织史（上）》，中国纺织出版社，1997年。
2. 张春辉、游战洪、吴宗泽、刘元亮编著：《中国机械工程发明史》第二编，清华大学出版社，2004年。
3. 罗瑞林：《纺轮初探》，载《中国纺织科技史资料》第6集。
4. 翦伯赞主编：《中国史纲要》（第三册），人民出版社，1983年。
5. 王学贵主编：《魏县志》，方志出版社，2003年。
6. 刘泽华、杨志玖、王玉哲、杨翼骧、冯尔康、南炳文、冯纲、郑克晟、孙立群编著：《中国古代史》，人民出版社，1979年。
7. 李绵璐：《谈民族民间美术》，安徽美术出版社，2003年。
8. 陆敬严、华觉明主编：《中国科学技术史·机械卷》，科学出版社，2000年。
9. 赵丰著：《中国丝绸艺术史》，文物出版社，2005年。
10. 赵丰、徐峥著：《古代丝绸染织术》，文物出版社，2008年。
11. 戴争编著：《中国古代服饰简史》，轻工业出版社，1988年。
12. 《中国古代科技文物展》编辑委员会编：《中国古代科技文物展》，朝华出版社，1997年。

后 记

魏县土纺土织这一民族工艺是中国民族文化多样化的具体展现,是古代魏县劳动妇女智慧的结晶,又是时代的产物。它反映了时代发展和人们物质、精神的需要。其几何抽象的造型、古朴热烈的色彩、丰富多样的装饰题材和装饰手段、繁杂的工艺程序充分体现了劳动妇女的创造力和想象力,具有珍贵的艺术价值和审美价值。新中国成立之后出现的三页缯和四页缯技艺,使土纺土织的工艺发展又迈上新的台阶,创造出了具有时代特征的土纺土织艺术珍品。

在经济全球化的今天,现代机器工业的迅速发展,使得土纺织的生存和发展受到了严重的冲击,面对我国民间传统土纺织手工艺生存、保护、传承和发展面临的危机和困难,搜集、整理有关它的资料,研究它的历史、工艺、发展是时代赋予我们的责任和义务。

本书在编写过程中参考了众多专家学者的研究成果。在内容文字方面,随杰老师做了大量的补充、调整和修改,从而使章节更清晰、内容更翔实;图片除编者拍摄外,部分选自《中国机械工程发明史》第二编,并得到了隆化民族博物馆姜振利、湖北省文物局刘彦、荆州博物馆吴顺清、湖南博物院喻燕娇、河北省非物质文化遗产保护中心杜云生、乌鲁木齐博物馆李黎以及王琳菲、吕卫东、霍东方等老师的大力支持和帮助。在此表示衷心的感谢。

由于编者知识水平有限,调查研究中难免有不足之处,敬请各位专家学者及广大读者指正。

编 者